新装復刊

パリティブックス　パリティ編集委員会 編（大槻義彦責任編集）

歴史をかえた物理実験

霜田光一 著

丸 善 出 版

本書は，1996年に発行したものを，新装復刊したものです．

目次

1章　クーロンの法則（I）

はじめに

歴史的に有名ないくつかの物理実験について、現代物理学の目で再検討し、その現代物理学に対する意義を考えて見たい。筆者は科学史の研究者ではなく、古い原論文は読んでいないので、引用文献の孫引きになるものが少なくないことをあらかじめお許しいただきたい。もしそこに誤りがあったら厳しく批評して下さるようお願いする。

物理学全般にわたって実験のテーマを取り上げることはできないので、主として電磁気と光学に関連する実験の中で、物理学の流れを変え、現代物理学の発展に貢献した重要な物理実験を選ぶことにした。この章では、十九世紀までのクーロンの法則を取り上げ、2章では、二〇世紀におけるエレクトロニクスやレーザーを応用したクーロンの法則の精密な検証実験について述べることにする。

クーロンの法則

電磁気学の教科書で最初に出てくる法則は、たいてい、静電気に関するクーロンの法則である。大きさの影響が無視できるほどに小さい物体の電荷を点電荷といい、静止した二つの点電荷の間にはたらく力はクーロンの法則によって表される。議論を明確にするために、この法則を箇条書きにすると次のようになる。点Aに電荷Q_A、点Bに電荷Q_Bがあるとき、

㈠各電荷には、ABを結ぶ方向に電気力がはたらく。

㈡Q_Aにはたらく力とQ_Bにはたらく力とは、大きさが等しく、向きは逆向きである。すなわち、作用・反作用の法則が成り立つ。

㈢正と負の電荷の間には引力がはたらき、正と正、負と負の電荷の間には斥力（反発力）がはたらく。

㈣はたらく力の大きさは、電荷Q_AとQ_Bの積に比例し、AとBとの間の距離rの二乗に反比例する。

クーロンの法則に従う力をクーロン力といい、それをFとすれば、

$$F = k\,\frac{Q_A\,Q_B}{r^2}$$

と表される。Fが負のときは引力、Fが正のときは斥力である。kは比例定数であって、SI単位系、すなわち電荷の単位をクーロン（記号C）、距離の単位をメートル（記号m）、力の単位をニュートン（記号N）とすれば、

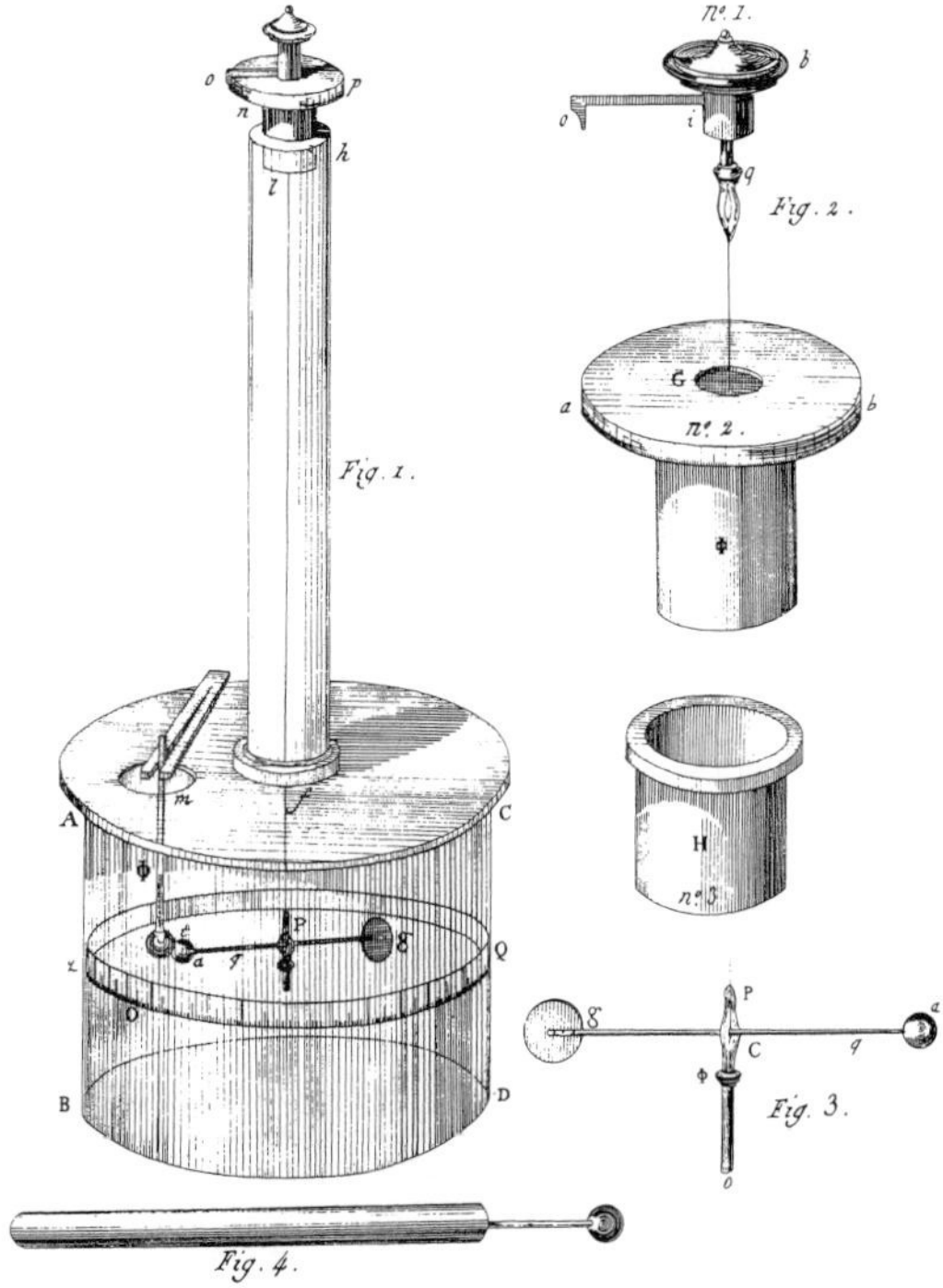

▲図1　クーロンのねじれ秤

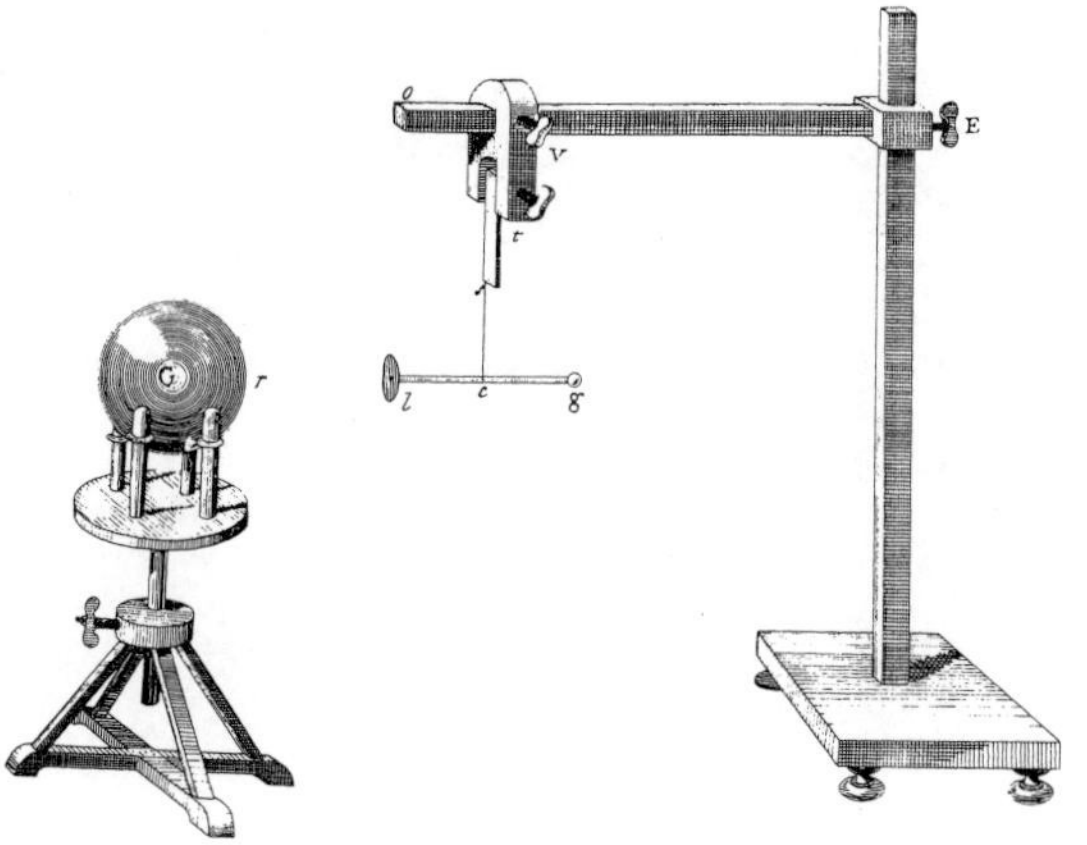

▲図２　クーロンが電気引力の実験に用いた装置

$$k=\frac{1}{4\pi\varepsilon_0}=10^{-7}c^2$$
$$=8.9876\times10^9\,\mathrm{Nm^2C^{-2}}$$

となる。ここに $\varepsilon_0=8.8542\times10^{-12}$ F/m は真空の誘電率、c は真空中の光速度である。

この法則は、フランスのC・A・クーロンが図1に示すねじれ秤を使った実験によって、一七八五年に確立したとされている。ねじれ秤の実験については次にくわしく述べるが、クーロンがこの実験によって確かめたのは同符号の電荷の間にはたらく斥力と距離の関係であった。正と負の電荷の間にはたらく引力の場合には、ねじれ秤につけた玉と固定した玉が引力によってくっつきやすいので、実験が難しい。そこでクーロンは図2に示すねじれ振り子をつくって、その振動周期が近くに置いた帯電球の電気引力によって変わることを測定して、引力と距離の関係を求めた。これらの実験によって、力 F が距離 r の二乗に反比例するという逆二乗の法則が得られたのであるが、r の二乗は正確に二なのだろうか?

クーロンは三〜四パーセントの精度でこれが二あることを結論したということであるが、実験の誤差が問題である。教室の演示実験などで、静電気力を直接測定して、それが距離のほぼ二乗に反比例することを実証できないだろうか?

一九五七年に始まったアメリカのPSSC (Physical Science Study Committee)[*1]でも、電気力の逆二乗則を検証する演示実験が研究されたけれども成功しなかった。日本でも、科学研究費特定研究「科学教育」(一九六八〜一九七六)の高校物理現代化研究班[*2]でも試みたがうまくいかなかった。

なお、クーロンの法則は電気力が電荷の大きさすなわち電気量に比例することを表しているが、この関係もクーロンが実験的に見いだしたものではない。他に電気量を測定する方法がなかったのであるから、これは電気量を定量的に定義したものと考えるのがよい。点Aにある電荷Q_Aのすぐそばにそれと同じ大きさの電荷を並べて置くと、電荷Q_Bにはたらく力は二倍になると考えるのが最も自然である。したがって、クーロン力の大きさはそれぞれの電気量に比例するとしているのである。

電気力の逆二乗則についてクーロン以前の研究(1)

十八世紀の中頃には、帯電体の周囲には電気的雰囲気があってそれが電気力を生じると考えられていた。静電気力は遠隔作用であるとするB・フランクリンの考えを引き継いだF・U・T・エピヌスは、二つの電荷の間にはたらく力と距離との間の関係を表す法則を求めようとしたが成功しなかった。それを最初に見いだしたのは、酸素の発見者として知られるJ・プリーストリーであった。フランクリンの友人であったプリーストリーは、フランクリンから、金属のコップの中に支えられたコルクは、コップの帯電の影響をまったく受けないという実験結果を知らされた。フランクリンの示唆によってプリーストリーは一七六六年十二月に再実験し、中空の金属容器を帯電したとき、容器の内面には電荷が現れないで、容器内には電気力がはたらかないことを示した。そして一七六七年、「電気の引力は万有引力と同じ法則、すなわち距離の逆二乗則、に従うことをこの実験から推論することはできないだろうか? なぜなら、地球がもし殻の形をしていれば、内部の物体がどこか一方の側に引かれることはないということを、容易に証明できるからである」と述べている。また、一七六〇年にD・ベルヌイも電気引力の逆二乗則を推論していたと言われているが、両人ともその推論をあまり主張しなかった。

当時の科学者の中で、この問題に関心をもって実験的研究をしたのはJ・ロビソンであった。彼は一七六九年、静電気による力を直接測定して、二つの同種電荷の間の斥力は距離の二・〇六乗に反比例し、異種電荷の間の引力は二以下のベキに反比例することを見いだした。そして、おそらく正しい法則は逆二乗であろうと結論していたが、彼はそれを一八〇三年まで公表しなかったので、あまり注目されなかった。

この頃H・キャベンディッシュはエピヌスの仕事を知っていたが、独立に電気現象を研究していた。そして一七七三年、金属球の外側に同心球殻を置いて球殻を帯電し、内側の球が帯電するかどうかを調べ、逆二乗のベキは二パーセント以内の精度で二であることを結論していた。しかし、彼はそれを発表しなかったので、一九世紀の中ごろにW・トムソン（後のケルビン卿）がキャベンディッシュの遺稿の中から発見し、それをJ・C・マクスウェルがキャベンディッシュの一〇〇年後に発表する[2]までまったく知られないでいた。これについては後にマクスウェルの仕事とともに述べることにしよう。

クーロンの実験

クーロンの実験装置（図1）と同じようなねじれ秤をつくって電気力の逆二乗則を検証することが、どうして困難なのだろうか？　クーロンの論文に発表されたこの図にはスケールが入っていないので、私はクーロンのねじれ秤は高さが四〇～五〇センチメートルくらいだろうと思い込んでいた。実は、*Fig.* 1の下部のガラス円筒は直径が三二センチメートル、高さも三二センチメートルある。そして、その上蓋の中心に直径約五センチメートルで高さ六五センチメートルの円筒が立てられていて、その頂部には回転ねじ機構*Fig.* 2が付いているので、全長は一メートルもある。頂部のねじの下端には、太さ〇・〇四ミリメートルで長さ七六センチメートルの銀線が締め付けられていて、銀線の下端には*Fig.* 3のようなモビールが下げられている。これは直径二ミリメートル以下の金属棒の孔に、ワックスで固めてシェラックで仕上げた絹糸か藁でつくった針を通し、その一端に直径五～七ミリメートルの木髄の玉、他端には小さな紙の円板を縦に付けたものである。紙の円板はモビールの釣り合いと制動の役目をしている。そして、図1の大きなガラス円筒の上蓋の左

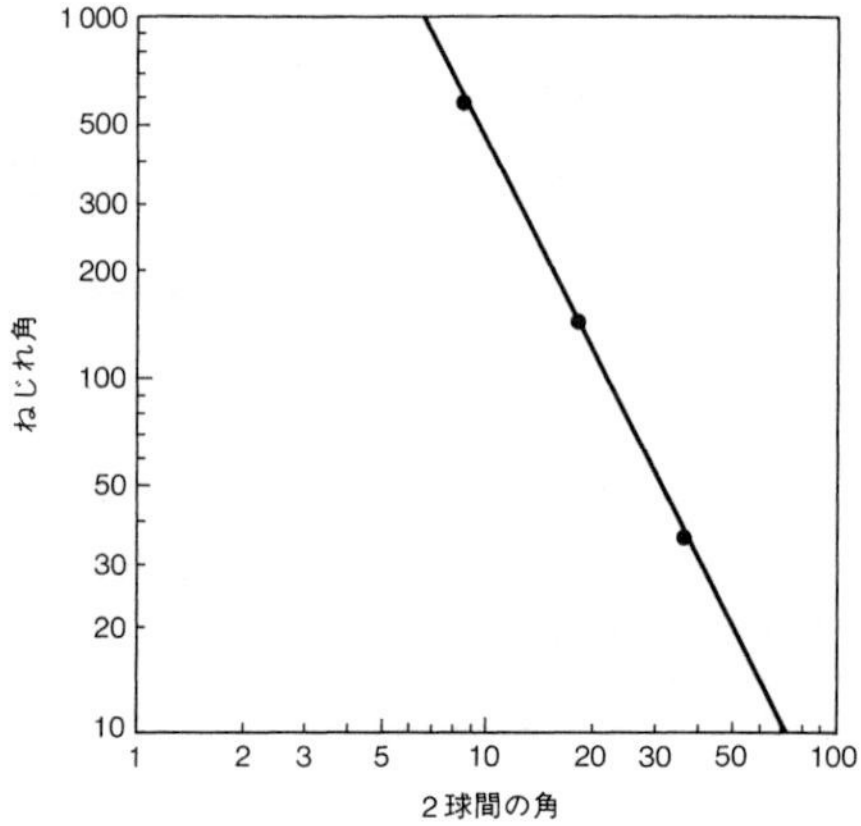

▲図3　クーロンが報告している測定値を対数-対数グラフにプロットした図

側には孔があけてあって、そこからシェラックの棒の先につけた別の木髄の玉（モビールの玉と同じ大きさ）が挿入されている[3]。

クーロンは、一七八四年にこのようなねじれ秤の実験で、銀線をねじったときのねじれ秤の復元力はある角度以内ではねじれ角に比例することを見いだしている。そこで電気力の測定では、最初にねじれ秤がねじれていないとき、玉の静止する位置が同定球の位置と一致するように調整する。次に固定球を入れてねじれ秤の玉と接触させておき、それに帯電導体を触れて遠ざけると、二つの玉は帯電しているので反発する。反発して止まったときのねじれ角をガラスの円筒のまわりにつけた紙帯の目盛りで測る。

クーロンの論文[3]では、このときのねじれ角は三六度であった。次に銀線の上端のねじを一二六度回したとき、二つの玉は近づいて一八度で静止した。さらに回して五六七度にすると、二つの玉はさらに近付いて八・五度になった、と報告されている。クーロンはねじれ角の測定精度は約一度であり、二つの玉の間の角の測定精度は約〇・五度であると記しており、何回も実験を繰り返したことは明らかであるが、論文に出ているのはこれだけである。

いま、このデータを対数-対数方眼紙にプロットしてみると、図3のようになり、グラフの傾斜はマイナス一・九三になる。ねじれ角は斥力に比例し、二つの玉の間の角は距離rに比例しているので、斥力は距離の一・九三乗に反比例することになる。こうしてクーロンは三〜四パーセントの誤差で逆二乗の法則を実証した。引力について図2の実験でも、同じように一組のデータだけが報告されているが、精度はいっそう劣るので省略しておく。

クーロンの実験の再検討

クーロンの後にも、静電気力と距離との関係を実験的に求めようとした研究は少なくない。しかも一八〇〇年ころの実験結果は必ずしも逆二乗則を支持するものではなかった。著名な物理学者では、A・ボルタやH・C・エルステッドも逆二乗よりは反比例（逆一乗）に近い実験結果を得ていたということである。この方が、電気力は帯電体の周囲にある電気雰囲気が生じる電気的歪みであるとする理論に合う。クーロンは本当に逆二乗則を実験的に見いだしたのであろうか？

現代の物理実験の常識では、ある精度で測定値が二になったというためには、何回も測定して統計誤差（偶然誤差）を求め、さらに系統的誤差の可能性を検討して結論しなければならない。クーロンは多数の測定値の中から、故意に逆二乗になる測定値だけを報告した疑いがある。しかし、それはいくらか邪推であると言わなければならない。なぜなら、ガウスが誤差論をつくり、最小二乗法を発表したのは一八二四年ころであった。それより四〇年前のクーロンの時代には、多くの測定の中から最も信頼できると思われるデータだけを報告するのが、むしろ当然であったからである。それにしても、クーロンの装置で逆二乗則が実証されたのかどうか疑問が残る。

この疑問に答えるためにクーロンの装置をできるだけ忠実に再現したオルデンブルグ大学のP・ヘーリングの研究がある。(4) それによれば、クーロンのねじれ秤は非常に敏感な装置で、モビールが軽すぎても重すぎても測定は不正確になり、銀線も極めてデリケートであって、実験の達人でなければとても使えない。*3 その上、電荷分布の変動でねじれ秤の振れ角が変わり、わずかの微風があってもゆらぐ。クーロンはこれらを正しく考察して、それを十分に留意して実験している。しかし、再現実験ではどうしてもクーロンが報告したような測定値は得られなかった。そして、さまざまな条件での測定値は、距離のベキが一〜三として説明されるものであった。よく調べてみると、微風がなくてもねじれ秤は振動して誤差を生じ、それは実験者の身体が帯電するからであることがわかったが、クーロンはそれには気が付いていなかった。おそらく、クーロンは理論的考察から逆二乗則を信じるようになり、それを実証しようとして実験したのであって、実験から逆二乗則を発見したのではなかろう、とヘーリングは結論している。

キャベンディッシュとマクスウェルの実験(2)

キャベンディッシュは、電荷のまわりの電位（ポテンシャル）が距離rだけの関数になる場合、電気力の逆二乗則が成り立つならば、電位はrに反比例するはずであるという理論を使って、逆二乗則を一七七三年に実証していた。このことは一八七三年になってマクスウェルによって発表された[2]。キャベンディッシュは一つの導体球を絶縁台の上に固定し、二つの導体の半球殻を合わせて導体球を囲み、図4のような二重の同心球をつくって実験した。外側の導体殻は木の枠からガラス棒で絶縁して支えられ、内外の導体は細い針金でつながれているが、この接続は絹糸で操作して切ることができる。

実験は以下のように行なわれた。まず、内外接続された同心球をライデンびんにつないで帯電させ、電気計でその電位を測定しておく。次に絹糸で針金を操作して内外の導体の接続を切り離す。

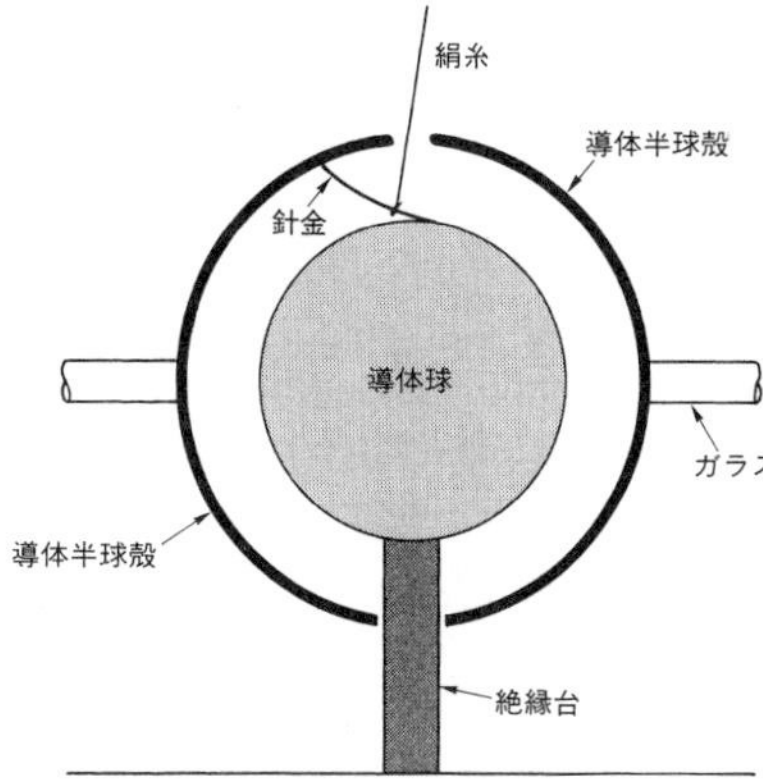

▲図4　キャベンディッシュの実験の略図

そして外側の殻を二つの半球に分割して取り除いて放電してから、絶縁台上の導体球に電荷が残っているかどうか検電器で調べる。その結果、当時もっとも敏感な木髄検電器を使っても、電荷がすこしも検出されなかった。そして導体球に少量の電荷を与えた測定から検電器の感度を求め、同心球の実験で内側の導体球に移った電荷は、全電荷の六〇分の一以下であることを見いだした。

電気力の逆二乗則が正確に二でなくて、二との差がΔだったとすれば、内側の導体球はいくらか帯電するはずである。Δが五〇分の一のとき内側の導体球に移る電荷を理論的に計算すると、その値は全電荷の五七分の一になるので、キャベンディッシュは上の実験結果から、

$|\varDelta|<0.02$の精度で逆二乗則が成り立っていると結論したのであった。

マクスウェルは一八七三年、キャベンディッシュの実験を実験的にも理論的にも精密にして測定を行なった。まず、キャベンディッシュの方法では、帯電した外側の導体殻を取り除くときに、絶縁台が電場にさらされるので、絶縁体の表面を通って少しでも電荷が紛れ込む（リークする）ために、誤差の原因になる。そこで、外側の導体殻を取り除かないで、導体球はエボナイトで絶縁して内部に入れたまま外側の導体殻をアースして、その後で内側の導体球の電位を調べる方法をとった。この方法では、外側の導体殻を除去する方法よりも感度は劣るけれども、内側の導体球が周囲の物体による不確定な電気的影響を受けないので、信頼性の高い測定ができる。さらに、内外の接続を絹糸で操作するための穴から外界の電気的擾乱が少しでも侵入しないようにするため、絹糸で接続を切り離したときには金属板で穴をふさぐようにした。

このような装置の実験で、まず外側の球を高い電位Vに帯電させ、内外の接続を切り離してから外側をアースし、象限電気計[*4]を使って、内側の球の電位vを測定した。もちろん、象限電気計を遮蔽し、測定電極をつなぐことによって生じ得る擾乱を最小限にするように留意する。初めの電位Vは直接には象限電気計で測れないので、マクスウェルは小さな黄銅の球を遠方において、その静電誘導を利用して導体球に一定の低い電位Dをつくり、これを象限電気計で測った。DはVのおよそ五四分の一の九分の一、すなわち四八六分の一であった。そして、上の実験で求める導体球の電位vの上限値はDの三〇〇分の一という値を得た。

他方マクスウェルは、クーロンの法則が逆二乗でなくて逆$2+\varDelta$乗であったとして、絶縁された

同心球の外殻の電位をVにしたときに内球に生じる電位vを理論的に計算した。その結果は

$$v=\Delta\cdot V\cdot f(a,b)$$

で表され、ここに$f(a,b)$は外殻の内半径aと内球の半径bの関数である。[2] 実験装置のaとbの値を理論式（次章参照）に入れると$f(a,b)=-0.148$になる。そこでマクスウェルは、$|\Delta|$の上限値は約$1/(300\times486\times0.148)$、すなわち$|\Delta|<1/21600$という結果を得た。

●

電磁気学の基礎法則になっている逆二乗の法則が、クーロンの実験によって確立されたと断言することはできない。当時、電気力Fと距離rの間の関係についていくつかの推論が出されていたが、クーロンは逆二乗の関係を実証しようとして、敏感なねじれ秤をつくって実験した。そして、ゆらぎの多い困難な実験を繰り返し、ようやくrの二乗によく合う実験値を得ることができたので、それを論文にしたのであろう。他の論文と違って、クーロンの論文では実験装置と実験方法の記載が詳しく、一〇〇年後には、逆二乗則がゆるぎない法則として信じられるようになったので、クーロンがその発見者の栄誉を与えられている。ロビンソンやキャベンディッシュが逆二乗則をクーロンより前に実験的に発見していても、それを発表しなかったのは、そのころは電気の実体が何であり、電気現象がどうして起こるかが科学者の最大の関心事であって、Fとrの関係には関心がなかったからであろう。

また物理実験法として、この頃はまだ測定値の不確かさ、偶然誤差と系統誤差、精度と正確さな

どの明確な概念がなかった。クーロンは距離rのベキが二であることを三〜四パーセントの精度で実証したのではなく、クーロンの実験の精度は標準偏差で表せば、数十パーセントもあったと推定される。逆二乗則が実験的に確認されたのは、キャベンディッシュとマクスウェルの仕事であった。キャベンディッシュは2×10^{-2}の精度で、マクスウェルは5×10^{-5}の精度で逆二乗則を実証したが、それでもrのベキが正確に整数の二になるかどうかは、実験的にも理論的にも未解決である。

参考文献

(1) E・T・ホイッテーカー（霜田光一、近藤都登訳）：エーテルと電気の歴史（上）（講談社、一九七六）。
(2) J. C. Maxwell: "A Treatise on Electricity & Magnetism, 1st ed. 1873, 2nd ed. 1881, 3rd ed. 1891", Dover Publ. (1954) pp. 80-86.
(3) W. F. Magie: "A Source Book in Physics", McGraw-Hill, New York, (1935) pp. 408-418.
(4) P. Heering: Am. J. Phys. **60**, 988 (1992).

補注

＊1 準備委員会は一九五六年にでき、一九六〇年に教科書と実験指導書が刊行された。翻訳は、山内恭彦、平田森三、富山小太郎翻訳監修：PSSC物理、上、下（岩波書店、一九六三）。

＊2 この研究班の研究成果のまとめは、石黒浩三、霜田光一、松村温編集：KBGK物理、基礎編（朝倉書店、一九七七）：同、展開編（朝倉書店、一九七八）として刊行されている。

＊3 ヘーリングの再現実験では、銀線の代わりに銅線が用いられた。

＊4　象限電気計はトムソン（ケルビン卿）が考案した敏感な電気計である。四分円形の四つの電極（象限電極という）の中に、細いファイバーで吊るされた軽い電極があって、その回転角を光てこで測定するようになっている。通常、吊るされた電極は百ボルト程度の電位にしておいて、その回転角を観測すると、象限電極の一つに与えた微小な電気量または象限電極間の小さな電位差を測定することができる。真空管式の電気計が現れるまでは、象限電気計あるいはその改良型がもっとも感度の高い電気計であった。

2章　クーロンの法則（II）

逆二乗の法則は厳密に成り立つか？

前章ではクーロン、キャベンディッシュの実験と、その一〇〇年後の一八七三年のマクスウェルの研究について述べた。これらの研究によって、クーロンの法則は電磁気学の基礎法則の一つとして信用されるようになったが、その後の実験技術の進歩に伴い、いっそう精密な検証実験が行われるようになった。どのような実験技術を使ってどこまで精密に測定されたのか、なぜそれほど精密な検証をする必要があったのかなど考えてみよう。

クーロンは微弱な電気力を測るために、感度の高いねじれ秤をつくって、逆二乗の法則が成り立つことを初めて実験的に見いだした。キャベンディッシュとマクスウェルは、ポテンシャル理論と電気的測定を使うことによってクーロンよりもはるかに高い精度で、二つの点電荷の間の電気力は両者の間の距離の二乗に反比例することを実証した(1)。いまでも、電気力を力学的に測定するのにクーロンのねじれ秤に劣らない感度をもつ敏感な測定器をつくるのは困難である。しかし、電気力を直接測定する代わりに、逆二乗則からのずれの効果を電気的に測定することにより、マクスウェルはクーロンの千倍の精度で電気力の逆二乗則を検証することができたというわけである。

十九世紀には、発電機、モーター、変圧器などの電気機械の発明・発展とともに、電気的測定器と測定技術が進歩した。そして二〇世紀には、ラジオ、テレビに代表されるエレクトロニクスの著しい発達で、電子測定やコンピューターが普及した。クーロンの法則を詳しく調べるために、エレクトロニクスと光技術を導入して行われた高精度の実験、すなわち一九三六年のS・J・プリンプトンとW・E・ロートンの実験(2)と、一九七一年のE・R・ウィリアムスらの実験(3)について述べる。これらの実験によって、マクスウェルの研究よりさらに十一桁も高い精度で逆二乗則が検証された。この結果によれば、もし光子に静止質量があったとしても10^{-50}キログラム程度以下ということになる。

マクスウェルの実験の誤差源

プリンプトンとロートンは電気力の逆二乗則をより高い精度で検証するために、まずキャベンディッシュ－マクスウェルの実験の誤差要因、すなわち実験結果に不確かさをもたらす原因を調べた。

クーロンの法則の逆二乗の二が正確に二でなく$2+\varDelta$であったとすると、二重同心球の実験で、外側の球殻を高電位Vにしたときに内側の球にゼロでない電位vを生じる。マクスウェルはこれを計算して、外球の内半径をa、内球の外半径をbとするとき、$n=a/b$とおいて次の結果を得た[1]。

$$v=\varDelta\cdot V\cdot f(n) \qquad (1)$$

ただし

$$f(n)=\frac{n}{2}\log\frac{n+1}{n-1}-\frac{1}{2}\log\frac{4n^2}{n^2-1} \qquad (2)$$

式(2)は、同心球が完全な球面であってその表面の電荷分布が一様であると仮定して計算されたものである。しかし実験に用いた導体は完全な球面ではないから、それによる誤差があるはずである。その誤差を理論的に推定してみると、電気力がほぼ逆二乗則に従っているときには、非常に小さいので完全に無視してよいことがわかる。

式(1)でわかるように、内球に生じる電位vは外球に与える高電位Vに比例しているから、検出可能な最小電位が決まっているとき、外球に与える電位Vを高くすればそれだけ高い測定精度が得られると思われる。しかし、マクスウェルの実験した電位より高い電位にすると、気中放電が起こって周囲にイオンを発生するので、内球の電位測定はその擾乱を受けてかえって誤差が大きくなる。よく調べてみると、放電破壊が起こらなくても、宇宙線や自然放射能のためにたえず不確定なイオンがつくられているので、それが内球と電気計に付着して誤差になっている。

また、内球と外球と電気計の金属材料や表面状態は完全に同じではないので、それらの間の接触

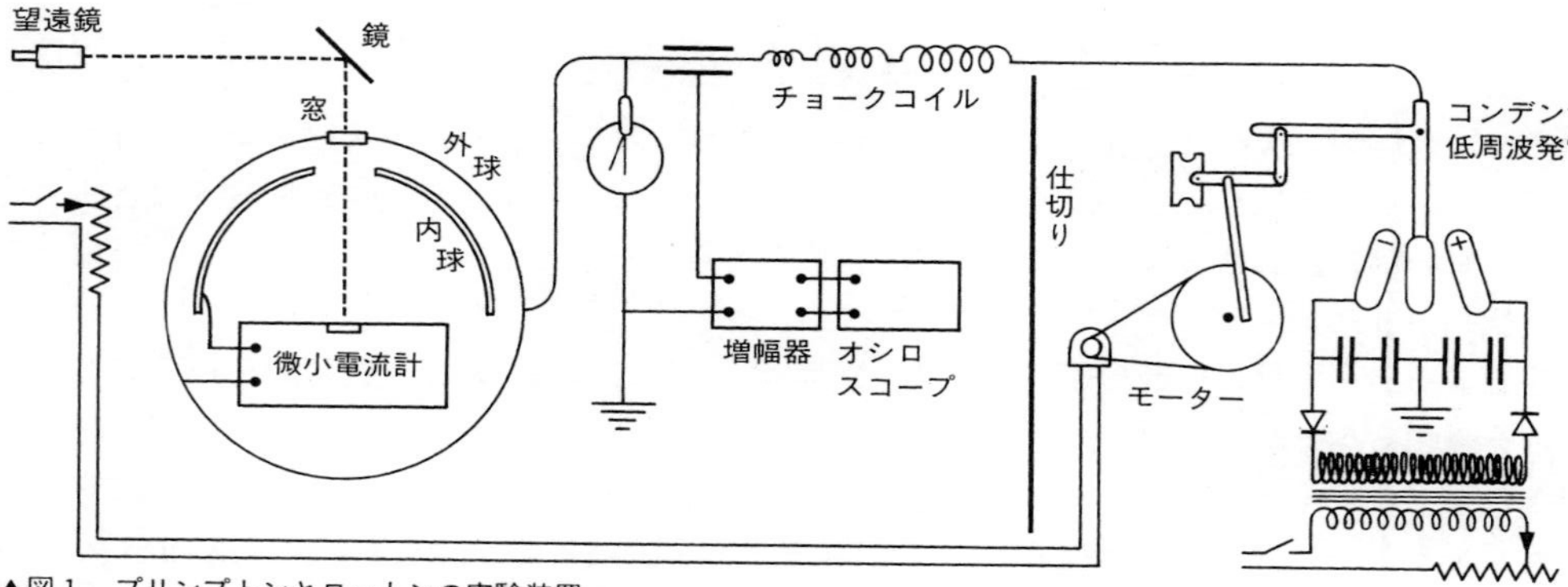

▲図1　プリンプトンとロートンの実験装置

電位差が内球の電位を測るときの誤差になる。接触電位差の影響は二つの導体を接触しなくても同じで、十分注意してもその不確かさは〇・〇〇一ボルトぐらいある。

プリンプトンとロートンの実験(2)

これらの誤差を避けて不確かさの少ない測定をするには、どうしたらよいだろうか？　プリンプトンとロートンの工夫した実験装置は図1のようなものである。自然放射能などに起因するイオンが内球に付着する不確定な電気量は、測定時間すなわち内外球の接続を切ってから内球の帯電を調べるまでの時間が長いほど大きくなる。そこで彼らは、短時間に外球を高電位にしたりアースしたりして、それに対応して内球の帯電が変化するかどうかを調べることにした。ところが、あまり高速度（高い周波数）で外球の電位を変えると、外球を充電したり放電したりする電流iがつくる磁場によって、内球の測定器に誘導起電力を生じる。外球の回路と内球の回路との間の相互インダクタンスをMとすれば、内球の回路に誘起される起電力は

$$v_e = M\frac{di}{dt} \qquad (3)$$

と表されるから、外球の充電・放電が速いほど誤差が大きくなり、あまり高速度にすることはできない。また、外球の電位を急にVにしたりゼロにしたりすると、電流の時間変化が大きいので誘導起電力が大きくなる。したがって同じ繰り返し周波数ならば、正弦波にするのが最もよい。

外球の充電・放電を繰り返すとき、内球の帯電がそれに応じて変化するかどうかを調べるのに、

彼らは静電的に内球の電荷を検出するのでなく、内球が帯電するときに流れる微小電流を検出する方法をとった。原理的には、電位を測っても電流を測っても同等であるが、電流測定では接触電位差の影響が入らない。なぜなら、内球と外球の間に接触電位差があっても、両者をつなぐ導線には接触電位差による電流はまったく流れないからである。*1

どのような測定器にも、熱雑音やショット雑音などのゆらぎがあって、それが微小信号検出の限度になる。これらの雑音は一般に広い周波数分布をもっている。したがって、外球の電位を周波数fで変化させるとき、それと同じ周波数fで変化する電流の成分だけを検出すれば、雑音電流を著しく減らすことができる。このような共鳴検出法では、共鳴を鋭くすればするほど帯域幅が狭くなるので、それだけよく雑音を除去することができる。

キャベンディッシュ－マクスウェルの実験のように、内球の帯電を検出する電気計を同心球の外部におくと、どうしても外界のさまざまな擾乱を受けて感度が上がらない。そこで、図1では微小電流計を外球の中に入れ、内球は半球形に近いものにしている。内球の表面の電荷密度が一様にならなくても逆二乗則の検証には差支えないことがわかったからである。この微小電流計はグリッド電流の非常に小さい真空管を用いた共鳴電流計であって、その入力等価雑音電圧をv_{th}とすると、式(3)の誘導起電力が雑音以上になってはいけないから、周波数fは

$$2\pi fM < v_{\mathrm{th}}$$

となるようにする。彼らの実験では、fの最大値はおよそ二ヘルツで、この周波数で共鳴電流計の入力等価雑音電圧はおよそ〇・五マイクロボルトであった。微小電流計には10^{10}オームの入力抵抗が

用いられているので、これは内球と外球との間に流れる交流電流を10^{-17}アンペア以下まで検出できる感度である。

さて二ヘルツ程度の交流で実験することにすると、外球に与える交流電圧Vをどうしてつくるかが問題である。電磁誘導を利用する普通の発電機は、回転数を下げれば二ヘルツの低周波も発電できるが、回転数に比例して電圧も下がってしまう。一九三〇年代には、真空管の超低周波発振器もなかった。そこで彼らは、図2のようなコンデンサー型低周波発電機を考案した。図2で左右にある櫛形の電極は一方が正、他方が負の高電圧になっていて、モーターを使って櫛形の可動電極を二つの固定櫛形電極の間で往復させると、櫛の歯は接触しないで静電誘導により高電圧の交流を発生する。

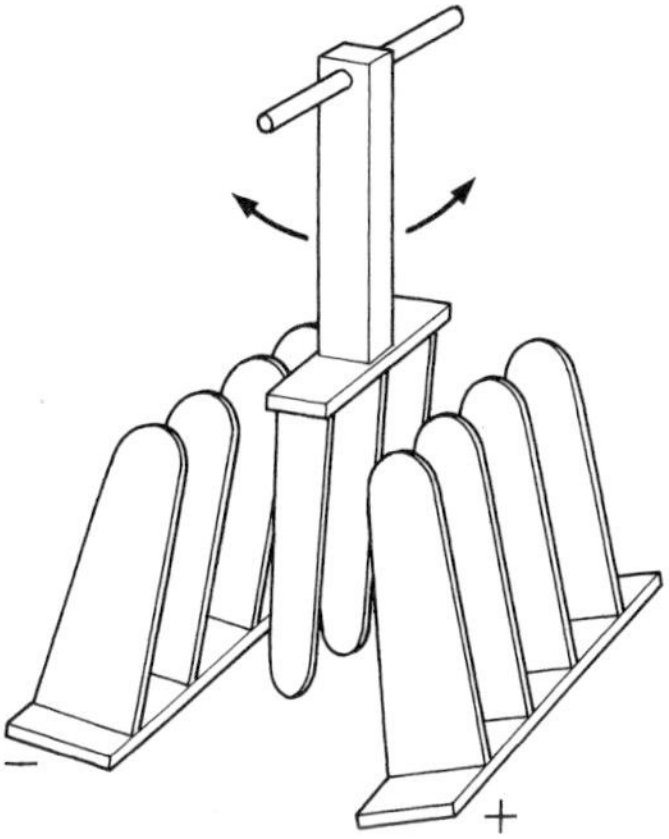

▲図2　コンデンサー型低周波発電機

彼らは外球に内径一・五メートルの球、内球に直径一・二メートルの半球を用い、外球に共鳴周波数の約二ヘルツで三〇〇〇ボルト以上の交流電圧をかけた。そのとき内外の球の間に流れる微小電流を測定し、その出力は小さな窓を通して外部から光学的に読み取った。この窓には、外部から電気的擾乱が入らないように細かい金網が張ってあって、さらに食塩水を入れてある。食塩水がないと微小電流計が大きく振れるが、食塩水を入れると遮蔽は完全で、微小電流計の入力抵抗10^{10}オームの電圧は一マイクロボルト以下であった。

$n=a/b=1.25$を式(2)に入れると$f(n)=0.169$となるので、クーロンの法則の逆二乗からのずれがあったとしても、この実験によれば式(1)から

$$|\varDelta|<\frac{10^{-6}}{3\times10^{3}\times0.169}=2\times10^{-9} \qquad (4)$$

であると結論される。

光子の静止質量

光子の静止質量はゼロとみなされているけれども、完全にゼロであるという証拠はない。理論は参考文献に譲るが、もし、いくら小さくても光子に静止質量m_0があるならば、マクスウェルの方程式は相対論的に一般化されたA・プロカの方程式で表される[4]・[5]。そうするとガウスの法則も変形されて光子の質量による項が付加され、導体で囲まれた空間にm_0^2に比例した微小電場ができるので、同心球の実験で内球の電位がゼロにならない。したがって、同心球の実験から光子の静止質量を決めることができる。

プリンプトンとロートンの実験では、内球に生じた電位は一マイクロボルト以下であったが、この結果から光子の静止質量の上限値を求めることができて

$$m_0<3.4\times10^{-47}\ \mathrm{kg}$$

となる[3]。そこで、同心球の実験は、単にクーロンの法則がどれだけ精密に成り立つかを検証するだ

けでなく、自然界の基礎法則と基礎概念に関わる現代物理学の問題になってきた。

光子が静止質量 m_0 をもつならば、相対論から真空中の光速度が周波数によって異なるはずである。そこで、遠方にあるパルサーから発射された電波パルスと光パルスの到来時刻がずれることになる。これまでの観測では、そのようなずれは観測されていないので、このことからも光子の静止質量の上限を決めることができる。しかし、宇宙空間は完全な真空ではなく、その電子密度の分布もよくわからない。したがって、この方法で求める光子の静止質量には、不確かさが大きい。その他、地磁気とアンペールの法則を使って光子の静止質量を推定する研究もある。

それらの方法に比べて、クーロンの法則の逆二乗則からのずれを測定する方法は、測定に入る不確かさをすべて実験的に調べることができ、測定の精度も高いので信頼度の高い値、すなわち不確かさの小さい実験値が得られる。一方において、精密測定技術が一九五〇年代から一九六〇年代にわたって格段の進歩をとげたので、逆二乗則のさらに精密な検証と光子の静止質量の研究が可能になった。

ウィリアムスらの実験(3)

プリンプトンらの実験と原理は同じであるが、最新の電子技術と光技術を活用して、ウィリアムスらは一九七一年に逆二乗則をプリンプトンらよりさらに七桁も高い精度で検証した。それを可能にしたのは、高周波測定と信号処理、そして光ファイバーの利用などである。

プリンプトンらの実験では、高電圧の充放電回路と検出回路の電磁的結合のために周波数を上げ

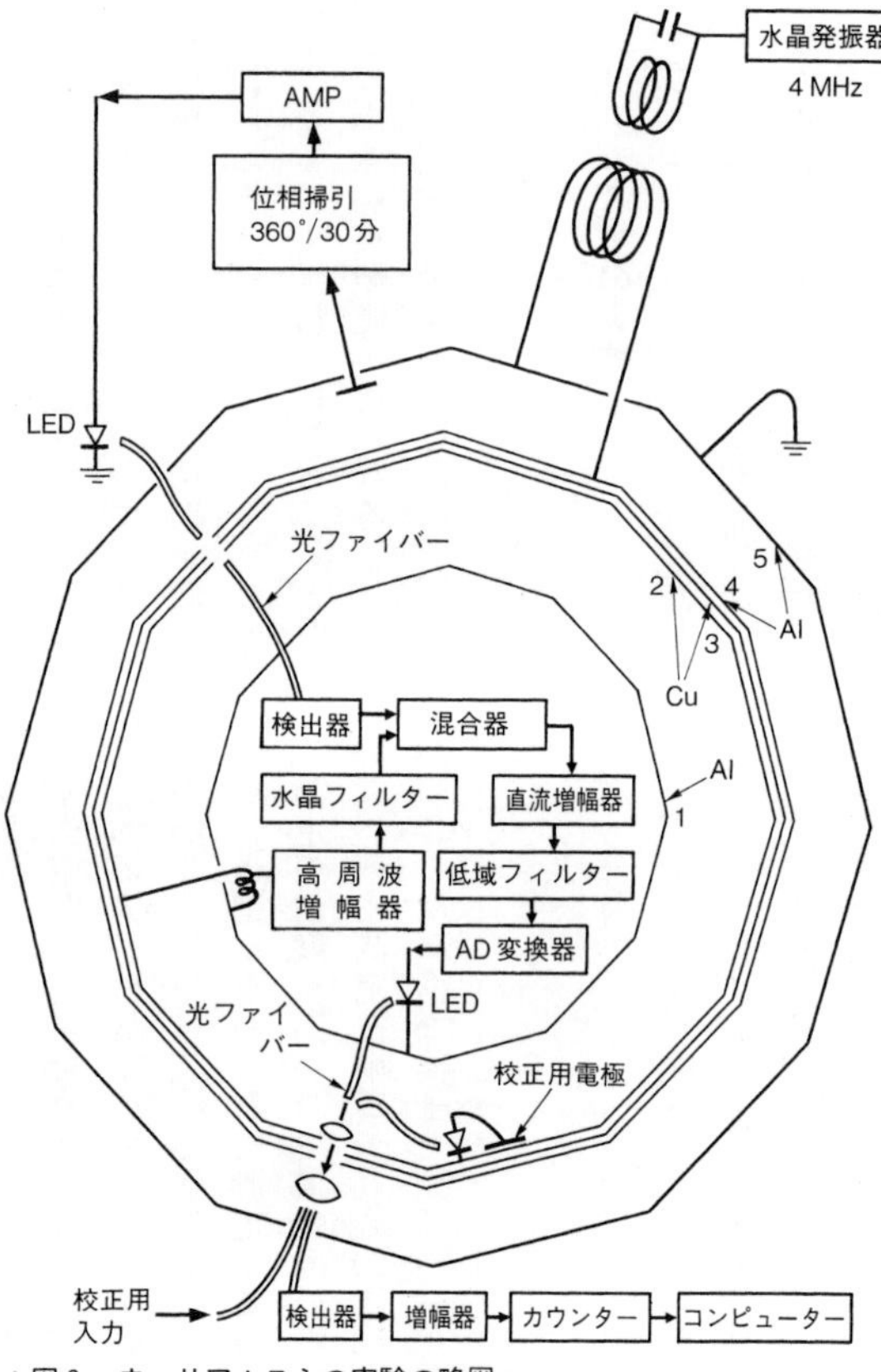

▲図 3　ウィリアムスらの実験の略図

られないので、二ヘルツという超低周波が用いられた。しかし高周波を用いれば、表皮効果によって金属板の中の高周波は急速に減衰するので、非常によい遮蔽ができる。たとえば一メガヘルツでは、高周波の振幅が銅やアルミニウムの中でe分の一に減衰する深さ（skin depth）は〇・一ミリメートル以下である。そこでウィリアムスらの実験装置は同心五層の正二〇面体で、図3のようにつくられている。最外層5は接地されていて、層5と層4との間にコイルをつないで四メガヘルツに共振させ、高周波発振器を用いて、尖頭値がプラスマイナス五キロボルトの高周波電圧を層4にかける。層1と4と5の二〇面体はアルミ板でつくられ、層4の下に層2と3の銅板の二〇面体が二重にしてあるのは、表皮効果が不十分だからではなく、層4の二〇面体の不完全な継ぎ目からの漏洩電波を完全に遮蔽するためである。

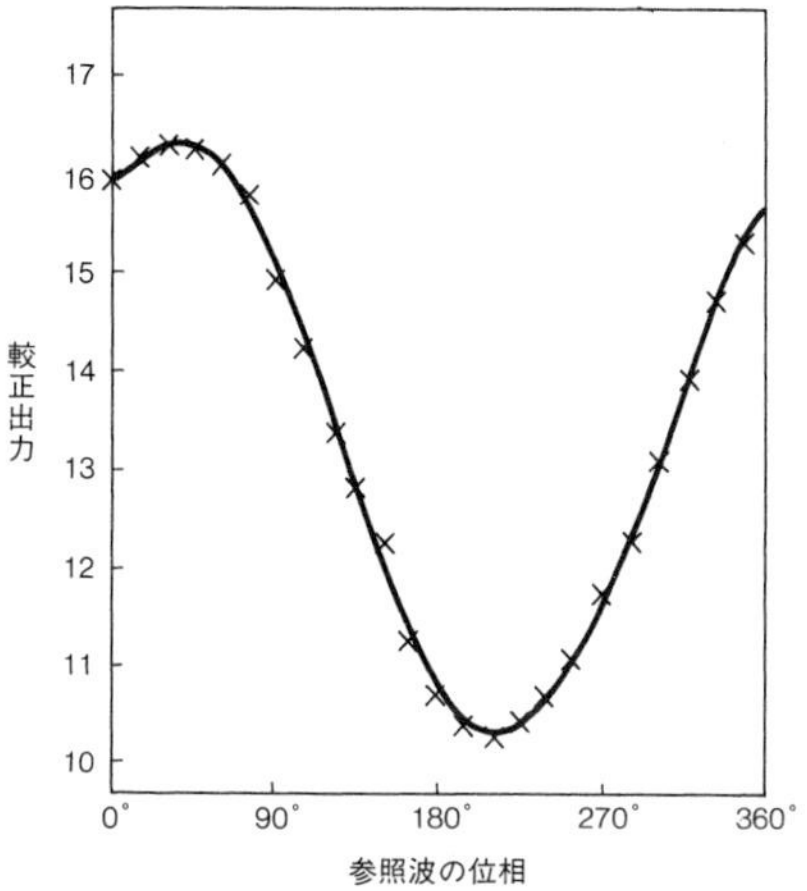

▲図4　尖頭値 1.9×10^{-10} V の較正用高周波を与えたとき，位相敏感検波出力と参照波の位相との関係

二重同心球の実験の内球に相当する層1の二〇面体に生じる微小な高周波電圧を増幅して検出するのに、彼らは水晶フィルターと位相敏感検波器と低域通過フィルターを用いた。そして、その直流出力を積算し、計算処理することによって 10^{-12} ボルト以下の検出感度を達成した。位相敏感検波器と増幅器のシステムは「ロックインアンプ（lock-in amplifier）」とよばれ、一九五〇年代以来いろいろの高感度物理測定に利用されている。雑音を飛躍的に減らすことのできる位相敏感検波の原理を次に説明しよう。

共振の鋭い水晶フィルター付きの増幅器で四

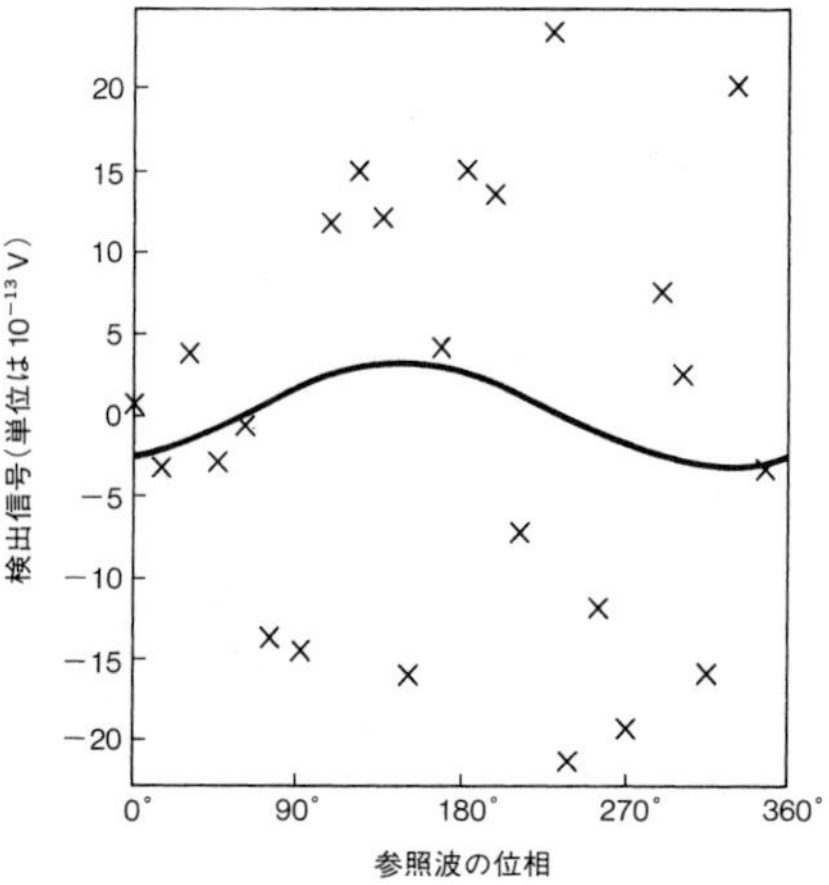

▲図5　外球（層4）に ±5 kV の高周波をかけたとき，内球（層1）に検出された誘起電圧と位相との関係
実線は最小2乗法で求めた正弦波.

メガヘルツの信号を狭帯域で増幅すれば、帯域幅を狭めただけ雑音が小さくなるが、それでもマイクロボルト程度の大きさの雑音がある。このとき検出しようとする信号は、層4にかけた四メガヘルツの高周波に対して一定の位相であるが、雑音の位相はランダムで決まっていない。そこで、層4にかけた高周波と位相が合っている成分だけを取り出すと、求める信号は一定の出力電圧を与えるのに対し、雑音成分の出力は正にも負にもなって長時間平均すればゼロになる。したがって、位相敏感検波信号の積算時間を長くすればするほど雑音を小さくすることができる。

　内球に相当する層1の二〇面体を完全に外部から遮蔽したまま測定するために、測定用の電子回路はすべて内球の中に入れて電池で作動させる。そして検波出力も位相参照波も光ファイバーを使って小さな孔に光を通して結合している。図3では、位相参照波は左上にある回路でつくってLED（発光ダイオード）で光に変え、光ファイバーに入れている。遮蔽二〇面体の孔に光ファイバーを貫通すると、誘電体としての光ファイバーを伝わって、いくらかの高周波が漏洩するので、このように孔の前後で光ファイバーを切って結合させているのである。

測定器の感度を較正するためには、図3の左下にある光ファイバーを用いて較正用電極に既知の高周波電圧を与える。四メガヘルツで変調された光を送って層1と2の間に微弱電場をつくり、検出コイルに尖頭値 $\pm 1.9\times 10^{-10}$V の高周波を生じたとき、位相敏感検波出力は図4のようになった。このときは位相参照波の位相をゆっくり掃引しているので、位相差に従って出力が正弦波状に変化し、雑音レベルは10^{-12}ボルト程度に小さいことがわかる。

層4と5の間に四メガヘルツで振幅五キロボルトの高周波をかけたとき、層1の高周波電圧を位相敏感検波した出力の積算値は図5のようになった。このときも位相参照波の位相は、三〇分間に一サイクル（三六〇度）の割合で掃引し、各測定点は五〇秒毎の計数を一二〇回積算したものである。全測定時間はおよそ三日間であった。これらの測定点から最小二乗法で正弦波を求めると、図の実線の曲線のように、振幅が

$$(3.2\pm 3.7)\times 10^{-13}\ \mathrm{V}$$

となる。そこで、クーロンの法則の逆二乗からのずれは、あったとしても非常に小さい。式(1)から

$$|\Delta| = (2.7\pm 3.1)\times 10^{-16} \qquad (5)$$

という結果が得られる。そして、これが光子の静止質量によるとするならば

$$m_0 < 1.6\times 10^{-50}\ \mathrm{kg}$$

となる。

位相敏感検波と測定値の統計処理によって、クーロンの法則の検証実験が一九三六年のプリンプトンらの実験のおよそ千万倍、一八七三年のマクスウェルの実験より二千億倍も高い精度で実現された。これは測定が精密になっただけでなく、その不確かさが十分に吟味された測定である。クーロンの時代には、電気力が距離rに対してr^{-n}になるとしてnを測定したとき、nの真値は二であって、$n-2$は実験誤差とみなされた。そこで、クーロンは一組しか測定値を発表しなかった。しかし、いまでは$\Delta=n-2$が実験的に調べたい値であって、ウィリアムスらの実験では、外球を毎秒四〇〇万回充電・放電して内球の帯電を測定し、これを六〇〇〇秒実験しているので、キャベンディッシュ－マクスウェルの実験を$4\times10^6\times6000$回繰り返したことに相当する。そして、その測定値を統計処理して測定結果を求めているのである。式(5)によれば、こうして得られたΔの値が2.7×10^{-16}であって、その不確かさはそれより大きい3.1×10^{-16}だったのである。この不確かさもまた実験値なのであるということを注意しておきたい。

このようにクーロンの法則の逆二乗則は非常に精密に成り立つことが検証されているので、一般には絶対正確な基本法則であると信じられている。しかしこれはあくまでも経験的法則であって、実験された条件を越えてどこまでも成り立つとはいえない。たとえば、電荷間の距離が原子核の大きさや電子の古典半径より短い場合や、宇宙的な遠距離でも逆二乗則が成立するかどうかは保証されていない。

そこで、もしも天文学的な距離で電気力の逆二乗則が破れているとするならば、実験室内の距離でも微小なくい違いが起こるので、精密測定によってそれを検出できると考えられる。つまり、上述のように、実験室内で逆二乗則がどれだけ精密に成り立つかを調べることは、どれだけ広い範囲に逆二乗則が成り立つかを検証することになるのである。

どのような物理法則も無条件に成立するものではない。物理実験の研究目的は、新しい法則や現象を発見することだけでなく、既存の物理法則の限界がどこにあるかを見極めることにもある。

参考文献

(1) J. C. Maxwell : "*A Treatise on Electricity & Magnetism*, 1st ed. 1873, 2nd ed. 1881, 3rd ed. 1891", Dover Publ. (1954) pp. 80-86.
(2) S. J. Plimpton, W. E. Lawton : Phys. Rev. **50**, 1066 (1936).
(3) E. R. Williams, J. E. Faller, H. A. Hill : Phys. Rev. Lett. **26**, 721 (1971).
(4) A. Proca : J. Phys. (Paris) 8, 347 (1938).
(5) M. A. Gintsburg : Astron. Zh. **40**, 703 (1963).

補注

＊1 回路の中に温度差があると熱起電力を生じて、電流が流れる。

3章　ファラデーの実験

ファラデー

M・ファラデーの伝記と業績については、ファラデー自身の著作[1〜3]や、参考文献[4〜6]の他にも出版物が多数ある。これらによって、その人となりや交際、彼の研究の詳細や王立研究所の金曜講話、クリスマス講演などの内容も詳しく知ることができる。そこで、ここではファラデーの生涯を辿ったり、研究成果を列挙したりするのでなく、ファラデーがどのように電磁気の研究を進めたのかを探ってみたい。

F・W・G・コールラウシュはファラデーを評して「彼は真理を嗅ぎ出す」と言ったそうであ

る。ファラデーはいろいろの分野にわたって画期的な研究をしているが、それらをつなぐ真理の糸をどのようにして見いだしたのであろうか。

1章に述べたように、クーロンやキャベンディッシュらの研究によって、静電気学が近代科学として発展を始めた。その後一七九一年にはL・ガルバーニが動物電気（ガルバーニ電流）を発見しているが、ファラデーが生まれたのはこの年の九月であった。A・ボルタは、ガルバーニの見いだした電気の起源は動物ではなくて金属にあると考えて実験し、ガルバーニの動物電気よりはるかに強い電気を発生するボルタのパイル（電堆）を一七九九年に発明した。これを用いて初めて、摩擦電気などの静電気と違う動電気、すなわち電流を使う実験が始められるようになったのである。

一八一三年に二十一歳で大化学者H・デービーの助手になったファラデーは、デービーと共同で、まず鉱山用の安全灯を発明し、一八二〇年には炭素と塩素の化合物、一八二五年にはベンゼンを発見している。一八二一年に電磁回転の実験に成功し、一八二五年に王立研究所の実験室主任になってからは、光学ガラス、電磁誘導、ボルタ電池、化学分析、電気分解、合金、磁性体などの研究を行なっている。

ファラデー・ケージ

前に述べたように、キャベンディッシュの実験は一〇〇年後まで発表されなかったので、もちろんファラデーも知らなかった。しかし彼は導体や絶縁体を使ったいろいろな実験の結果、導体が帯電するときには、電荷は導体の表面にたまることを確信していた。彼はそれを論文として発表しなかったけれども、一八三六年、王立研究所の講堂で行なった劇的な実験でこれを実証した。彼は、木でつくった骨組みを金属板で覆った大きな箱（一辺が四メートルの立方体）の中に検電器をもって入った。そして、箱の表面から火花が飛ぶほどに帯電しても、中にいるファラデーのもっている検電器ではまったく電気作用を検出できないことを示した。

そこで、電気作用を遮蔽する金属の箱や金網のかご（cage）のことを、「ファラデー・ケージ」または「ファラデー箱」というようになった。

別の応用として、真空中で電子やイオンを電極に集めるのに平面や棒状の電極を使うと、かなりの電子やイオンが表面で反射されたり二次電子や二次イオンを放出させたりして、収集効率が下がってしまう。これをふせぐには、電極を中空の円筒、またはびんの形にして、その口から電子やイオンを入れると、粒子は電極の内面に付着しなくても、その電荷がすべて電極に流れ込んだように測定される。これを「ファラデー・カップ」とよんでいる。欧米では、この原理を示す実験をファラデーのアイスペール（氷を入れる器）の実験といっている。

ファラド

電気容量の単位はファラドであるが、これはいうまでもなく、誘電体についてのファラデーの研究に因んで名付けられたものである。彼はファラデー・ケージの実験をしたとき、もし導体の箱と他の導体との間に絶縁体を置いたらどうなるかを考えていた。絶縁体は電気を流さないから、電気的に歪んだ状態になると推論して、一八三七年に『静電誘導について』という論文を発表し、引き

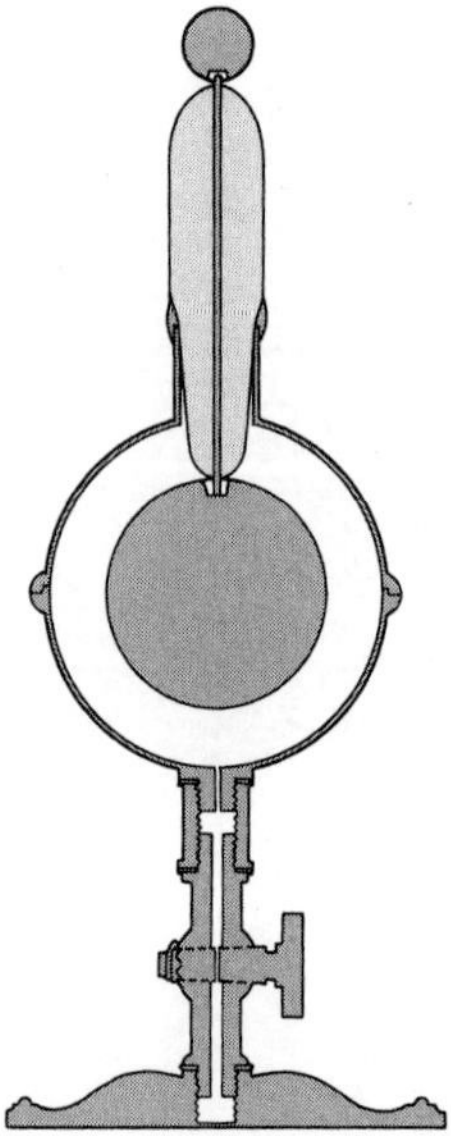

▲図1　ファラデーの実験した同心球コンデンサー（文献1の（二）より転載）

続いて研究を進めた。しかし当時、クーロンの法則はすでに確立されていたので、電気作用を知るには、すべての電荷の大きさと電荷の間の距離だけがわかっていればよく、電荷と電荷の間にある絶縁体の重要性を認める人はいなかった。電気力は万有引力（重力）と同じように直接遠隔の物体に作用するので、中間にある物質は電気が逃げないようにするだけでよいと信じられていた。

だが、ファラデーはそのような理論的、抽象的な考察には耳を貸さなかった。彼は、電気の作用には、飛躍しないで順々に伝わっていく具体的な手順があるにちがいないと考えていた。そこで彼は、媒質の分子が「電気的緊張状態（electrotonic state）」になって、次々に電気作用を伝達するようなイメージを描いていた。そして、もしそうならば、物質によって電気作用の伝え方に違いがあると考えられるので、その違いを調べる実験を計画した。

それは、図1のような同心球コンデンサーであって、[1] 球形にしたのは電荷分布を一様にして、媒質の作用を均一にするためである。内球の直径は五九ミリメートル、外球の内径は九一ミリメートルなので、両球の間隔は一六ミリメートルになっている。精密な二つの同心球コンデンサーをつくって、その一つを帯電させ、次に帯電していない他方のコンデンサーをつなぐと、二つのコンデンサーはちょうど半分ずつ帯電する。ファラデーはねじれ秤を使って定量的に電荷を測定して、まずこれを確かめた。次に、もし一方のコンデンサーの中に別の絶縁媒質を入れると、電荷が半分ずつにならないはずであるから、それを十分注意して調べた。最初は空気と他の気体で実験したが、どのようにしても実験誤差の範囲内で電荷は二等分されていて、少しの違いも見つからなかった。気体の誘電率の差を検出するには感度が不足していたのである。

　実験に苦労したあげく、ついにファラデーはイオウやシェラック[*1]で実験したところ、媒質による違いを検出するのに成功した。彼はこれらの媒質の空気に対する静電誘導作用の強さの比を比誘導容量[*2]（specific inductive capacity）とよんだが、これは今日の用語では、比誘電率に相当する。比誘電率 ε をもつ媒質の入ったコンデンサーの電気容量 C は、媒質が真空のときの電気容量を C_0 とすれば

$$C = \varepsilon C_0$$

になる。一気圧の空気の比誘電率はおよそ一・〇〇〇五であるから、ファラデーの実験では一との差は検出できなかった。しかし、物質の誘電率を最初に発見した功績をたたえて、電気容量の単位をファラドと呼んでいるのである。

電磁回転の実験

　十八世紀の初めまで、電気と磁気との間の類似と相違については、W・ギルバートのほか、多くの科学者が論じている。磁石が落雷の影響を受けることなども知られていたが、両者の関連は推測

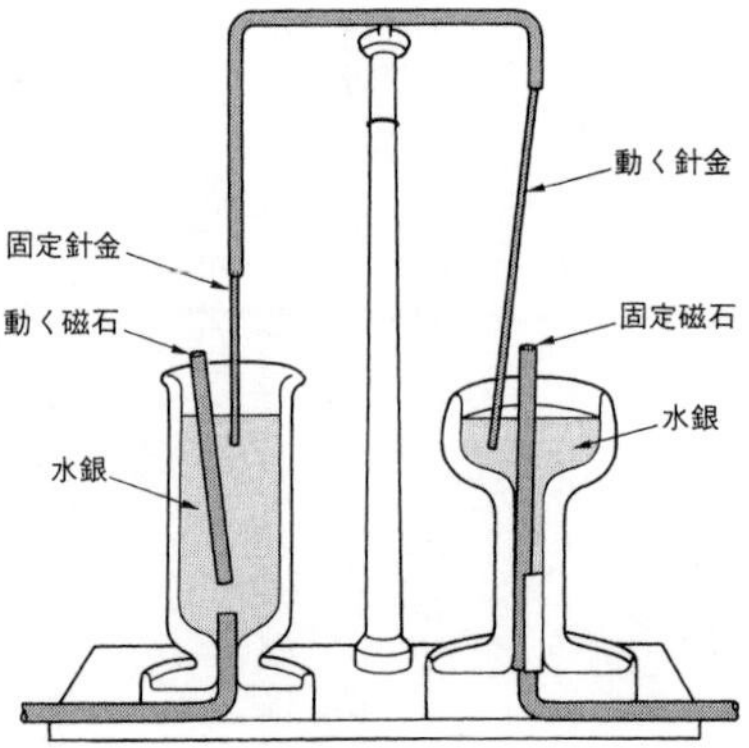

▲図2　電磁回転の装置（文献5より転載，加筆）

にすぎなかった。H・C・エルステッドは、ガルバーニ電気の開いた回路ではなく、閉じた回路で実験してみなければならないと考えた。最初、彼は磁針と直角に針金を置いて電流を流したが、なんの効果も見られなかった。講義でこの結果を話した後すぐに、針金と磁針を平行に置こうというアイデアが浮かんだ。それを試みると磁針が振れたので、さらに確認実験の後、一八二〇年七月にこの結果を発表した。

　この報告を聞いたA・M・アンペールは、フランス学士院の一八二〇年九月の会合で、二本の平行な針金は電流が同じ向きに流れると引き合い、逆向きに流れると反発し合うことを実験して見せた。デービーの助手として、すでに自分でボルタのパイルをつくって、いくつかの化合物を分解していたファラデーは、これを聞いて電気と磁気に深く興味をもつようになり、一八二一年に『電磁気の歴史的概観（Historical Sketch of Electromagnetism）』という解説を書いた。この解説は若かったファラデーの最初の著作であったが、なかなかの力作であったということである[5]。そして一八二一年十二月に有名な電磁回転の実験、すなわち世界最初のモーターに成功した。

　ファラデーのつくった電磁回転の装置は図2のようになっている。左側の装置では、中央に固定されている針金に電流を流すと、水銀の中に立って浮いている棒磁石が針金のまわりを回転する。右側の装置では磁石が固定されていて、電流を流すと、針金が磁石のまわりを回転する。

ファラデーがこの実験をしたころには、まだオームの法則が知られていなかった[*3]だけでなく、電圧と電流の区別もはっきりしていなかった。そして動電気の実験をするためには、自分で電池をつくらなければならなかった。ファラデーがボルタのパイルとボルタ電池のつくり方や使い方についていろいろな改良を研究したことは文献(1)に詳しく書かれている。電磁回転の実験には、かなり強い電流が必要である。当時、同じように電磁回転の実験を工夫する人がいたとしても、弱い電流か、強くても不安定な電流しか発生できないのでは成功しなかった。ファラデーはデービーの下で習得した電気化学的研究を基礎にして高性能の電池をつくっていたので、画期的な電磁回転の実験に成功したのだ、と筆者は考えている。もちろん、よく言われているように、彼はニュートン力学の概念や理論にとらわれないで自由な発想を重ねて実験していたことも、成功の要因であった。

電磁誘導の法則

ファラデーの業績の中で、自然科学の発展への最大の貢献は電磁誘導の発見である。ファラデーが一八三一年に成功した歴史的実験はたびたび紹介されている。しかし、ファラデーがどのような考えで電磁誘導の実験を計画し、どうして成功したのか、研究の核心となる筋道が見落とされているようである。そこで、ここではその疑問を探っていくことにしたい。

十九世紀の初めごろには、電気と磁気の本体は何であろうか、という推論や論争が盛んであった。そして、エルステッドやアンペールの実験によって、針金に電流を流すと磁気作用のあることがわかってからは、磁石から電気作用を生じるはずであると考えた科学者は少なくない。そして、磁石と箔検電器を組み合わせたり、ボルタのパイルに磁石を付けてみたりしたらしいが、何の効果も見つからなかった。いまではだれでも、電流とは文字通り電気の流れであることを知っているけれども、ファラデーの時代には、まだ静電気と動電気との関係は明らかになっていなかった。ホイッテーカーは次のように述べている。(7)

一八〇一年のW・H・ウォラストンの実験によって実質的には、摩擦電気とボルタのパイルによる電気が同種のものであることが証明されたのであるが、その後三〇年も、問題はまだ解決されていないと見なされていた。摩擦電気は表面での現象のようであるのに、ボルタ電気は物質の内部を伝導するという事実に対して、満足のいく説明は与えられなかった。ファラデーはいまやこの問題に立ち向かった。そして一八三三年に次のことを示すのに成功した。すなわち、既知のあらゆる電気の効果——生理的、磁気的、発光、発熱、化学的、機械的——は、摩擦電気によってもボルタ電池によっても同様に得られるということである。

ファラデーのこの結論の発表は電磁誘導の実験より二年後であるが、一八三〇年ごろすでに彼は誰よりも強く、ボルタ電池の電流は、摩擦電気と同じ電気の流れである、との確信をもっていた。そこで彼はエルステッドの実験をこう考えた。針金に電流を流したときに磁針が振れるということは、電気が動いたときに磁気作用が現れる、ということである。したがって、もし磁気から電気作用を生じるとすれば、それは磁気が動くか変化するときであろう。ほかの人は、強い磁石の近くにコイルを置けば定常的電流が流れるかもしれないなどと考えていたが、ファラデーはそうは思わなかった。このころはまだ、エネルギーもエネルギー保存の概念もなかったが、定常的電流が流れるということは、電気がいつまでも動き続けることになるので、そのようなことは不自然であり、起こりそうもないと彼は考えた。こうして、いろいろ考えながら実験した結果発見した電磁誘導について、文献(4)によれば、彼の一八三一年八月二九日の実験日誌には次のように記されている。

太さ八分の七インチ、外径六インチの鉄の輪をつくらせる。この輪に銅のコイルを多く巻く。輪のこの部分をAとよぶ。他の側に、ただし第一のコイルと少しあけて針金を巻く。その長さおよそ六〇フィートにおよぶ。この側をBとよぶ。(中略、修正)。Bの両端を銅線でつなぎ、遠くまでのばして、鉄の輪から三フィート離して置いた磁針の上に張る。つぎにAの両端を電池につなぐと、すぐに磁針に敏感な効果が現れる。針は振動し、ついに初めの位置に落ちつく。Aと電池との連絡を切ると、磁針はふたたびゆれる。

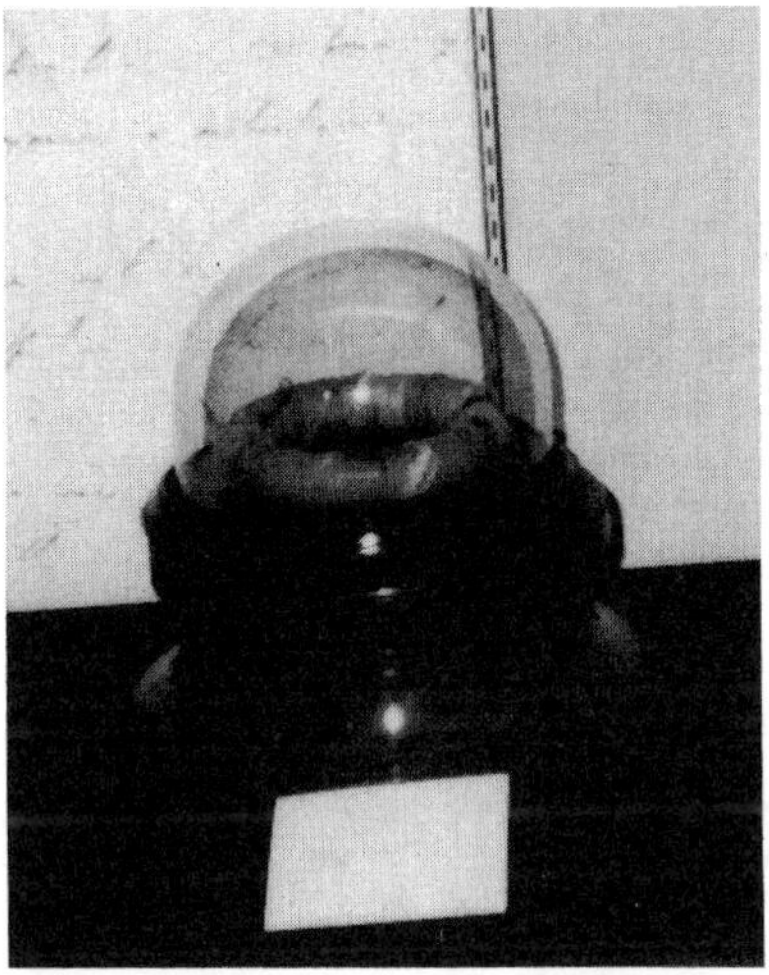

▲図3　ファラデーが電磁誘導の実験に使った歴史的装置の写真
(写真は高野義郎氏のご厚意による)

図3はファラデーがこの実験に用いた

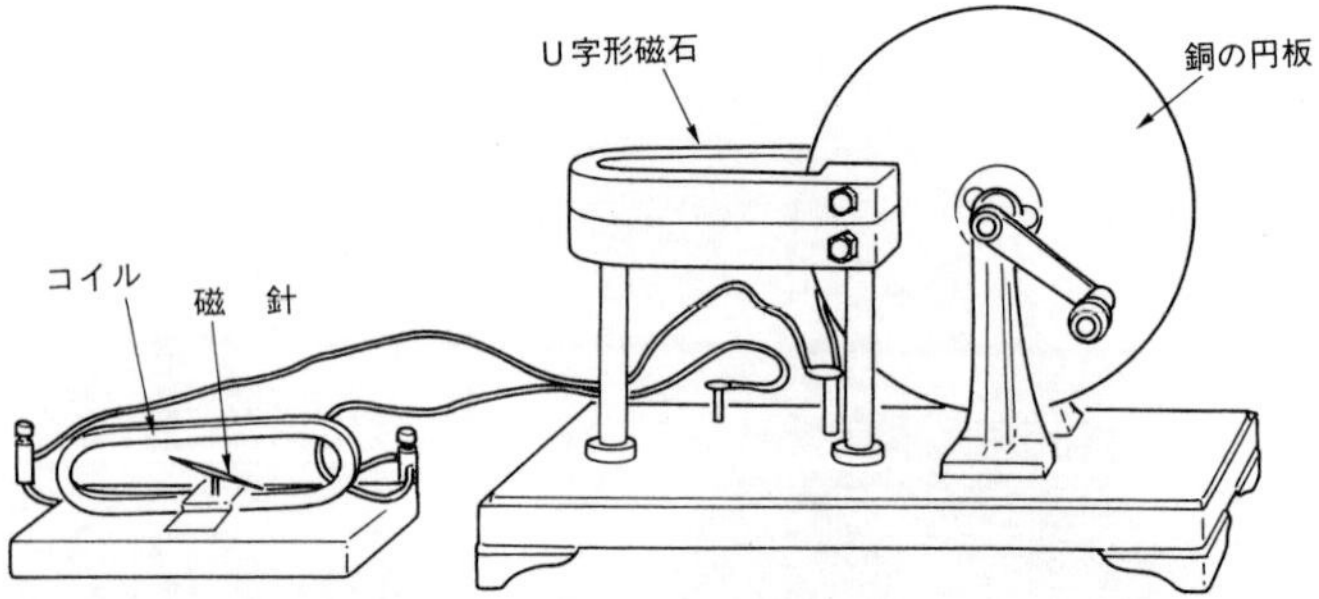

▲図4　単極誘導の実験装置

装置の写真である。

さらに一八三一年十月十七日に彼は、円柱形棒磁石をらせん円筒（ソレノイドコイル）に出入させて、誘導電流を観測した。そして十月二八日には、磁石の両極の間で銅の円板を回転させると、円板の軸と縁との間につないだコイルの中の磁針が定常的に振れるのを観測した。これは、円板が回転を続けるかぎり電流が流れ続ける装置であって、世界で最初につくられた直流発電機である。図4はその実験を再現する装置であって、この現象は「単極誘導」とよばれている。

ファラデーは精魂をこめて実験を続けて健康を損なっていたが、これらの実験結果をついに電磁誘導の法則としてまとめ上げた。彼は、磁石のまわりには磁力線があって、すべての磁力線は磁石の一方の極から出て他方の極に入ると考え、磁石の働きはすべて磁力線の作用であると考えていた。磁力線の方向は磁気力の方向を表し、磁力線の密度が磁気力の強さを表す。もし彼が磁力線を考えていなかったとしたら、鉄の輪に巻いたコイルで誘導電流を発見しても、その後すぐに図4のような実験を思いつくはずはなかった。

ファラデーの見いだした電磁誘導の現象はすべて、針金（一般に電気回路）と磁力線の相対運動によって生じる。そして電磁誘導の起電力は、単位時間に回路を横切る磁力線の数に比例する。これが電磁誘導に関するファラデーの法則である。その比例係数は、起電力と磁力線密度の単位によって決まり、SI単位系では一である。

電気分解の法則

電磁誘導のほかに、電気分解の法則も「ファラデーの法則」とよばれている。ファラデーはデービーの助手時代から、電気による化学分解のいろいろの実験を行い、理論的考察も深めていた。彼は、電流を通す溶液に電流を入れたり出したりする導体を電極（electrode）と名づけ、酸素、塩素などを析出する電極を陽極（anode）、金属などを析出する電極を陰極（cathode）とよんだ。さらにイオンという用語をつくったのも彼であった。ファラデーの電気分解の法則は、現在では常識的な当然の法則と思われるが、電子の発見より六〇年以上前の一八三三年ごろ見いだされたもので、原子論の発展のゆるぎない基礎となった。ファラデーの研究は、化学結合と電気の間には、本質的に定量的な関係があることを実証した。

ファラデーの電気分解の第一法則は「電気分解の作用は流れた電気量に厳密に比例する」というものであり、第二法則は「電気化学等量は化学等量に比例し、両者は同等である」というものである。基礎定数の一つとなっているファラデー定数Fは、n価イオンの物質量をn分の一モルだけ電気分解する電気量であって、現在知られている正確な価は$F=96485.3$ C/molである。アボガドロ定数をN、電子の電荷を$-e$とすると、$F=Ne$である。また、電気量の単位として96485.3クーロンを一ファラデーという。

電気分解の法則を発見するには、多くの化学反応の定量分析とともに、電気量の定量測定が必要であった。電気分解するのに流した電気量は、ねじれ秤や電気計で測ることはできないし、当時は電流計もなく、コイルと磁針で電流の定量測定をしなければならなかった。電気分解の法則が確立された後では、電流と電気量の精密測定にはもっぱら電気分解を利用した電量計（ボルタメーターまたはクーロンメーターともいう）が用いられたのである。実際、一九四八年に絶対単位が採用されるまで、電流の国際単位は銀の電気分解で定められていた。

ファラデー効果

磁気と光との間の関係を発見しようとする実験が、いろいろの時期に多くの人によって試みられていた。それらは一般に、特別の物体に特殊な光をあてて磁化しようとする実験であった。うまくいったという結果もたびたび報告されたが、いずれも追試で否定された。ファラデーは一八三四年に、電流の流れている電解質に偏光を通してみたが、何の効果も得られなかった。その後、岩塩、水晶、蛍石などでも実験したが失敗だった。彼が一八二五～一八二九年に行なった光学ガラスの研究は、あまり顕著な成果が得られなかったが、そのときにつくった重フリントガラス（ホウ酸鉛ガラス）を取り出して実験し、一八四五年九月、ファラデー効果を発見した。引き続いて彼は、他の媒質でも同様の効果が現れることを見いだした。そして、この実験は磁気と光との間に関係があることを証明するものである、と言っている。

ファラデー効果というのは、ガラスなどの媒質を電磁石の極の間に入れ、磁力線の方向に偏光を通すと、光の偏光面が回転する現象である。磁場による偏光面の回転を「ファラデー回転」という、回転角は磁場の強さと媒質の長さに比例する。光の進行方向を逆にすると、ファラデー回転の向きは光の進行方向に対して逆になる。したがって、一度媒質を通り抜けた光を反射させて逆向きに同じ媒質を通すと、偏光面は元に戻らないで、二倍回転する。この性質は、光やマイクロ波でアイソレーターやサーキュレーターなどの非相反素子をつくるのに利用されている。これは「ファラデー素子」とよばれ、マイクロ波ではガラスより回転角の大きいフェライトが、光ではガーネット類の材料が実用になっている。また、偏光面の回転角を制御する光学素子として使うとき、それを「ファラデー・セル」ということもある。

ファラデーは自分で光学ガラスをつくって、特殊な重フリントガラスをもっていたこと、そして強力な磁場を発生する実験用の電磁石を自作していたこと、さらに磁気と光についての理論的洞察に優れていたことがファラデー効果の発見をもたらした。

そのほかのファラデーの研究

化学に関する研究は別にしても、ファラデーの先駆的な業績はまだある。彼は、火花放電、アーク放電、グロー放電などいろいろのタイプの放電現象を研究し、一八三八年には真空放電における「ファラデーの暗部」を発見している。[1] 後年、彼は大型の電磁石をつくって実験中、ガラスが反磁性を示すことを偶然に発見した。それは一八四五年十一月のことであって、すぐに彼はきわめて多種多様の物質が反磁性をもつことを見いだした。反磁性（diamagnetism）、常磁性（paramagnetism）という用語をつくったのもファラデーである。

偶然の発見といっても、反磁性は極めて弱い効果なので、強い磁場を生じる電磁石がなかったら見つからなかったし、鋭い注意力がなかったら見逃していたに違いない。現在、強い電磁石で実験していて、知識として反磁性を知っていても、実験中に偶然何かの物質に反磁性効果が現れたことに気がつく人は皆無といってもよいだろう。ファラデーは一八四八年に、磁性結晶が磁気異方性を示すことも発見している。

ファラデーの最後の実験は、後に「ゼーマン効果」とよばれるようになった実験である[8]。彼は一八六二年、ナトリウムを入れた炎を強い電磁石の極の間に入れて、そのスペクトル線の幅や位置に何か変化が起こるかもしれないと実験していたが、空しい努力を重ねただけだった。何の効果も検出できなかったのである。当時はプリズムの分光器しかなくて、分解能が不十分だったのである。しかし、このような性質の効果が発見されるだろうという確信は、彼の多くの後継者に伝わった。H・A・ローランドが発明した凹面回折格子を用いて、分解能の高い分光器がつくられたのは一八八〇年ごろのことである。そして一八九五年ごろに展開されたローレンツの電子論を検証する実験として、一八九六年　P・ゼーマンがその効果の観測に成功した。ファラデーはその真理を嗅ぎつけていたが、まだそのころは、それを獲得するには原子論も分光技術も未熟であった。

ファラデーは世界で最初のモーターをつくり、最初の変圧器をつくり、最初の発電機もつくった。彼は電磁誘導という電気と磁気の間の最も重要な法則を発見しただけでなく、電気と化学、光と磁気の間にも密接な関連があることを実証した。電気と光の間の関係についても、彼は気中放電の研究の中でしばしば述べている[1]。磁気光学の研究も、ファラデー効果と反磁性の研究から始まった。

ファラデーは卓抜な実験技術と直観力を備えた天才的科学者であったが、その研究をよく見ると、けっして彼の手にかかるとすべての実験がすぐに成功したというのではない。ここでは、彼の実験の一部の失敗しか述べられなかったが、彼が多くの困難に屈することなく、手を変え、品を変えて、辛抱強く実験したことは、文献(1)を読むとよくわかる。

参考文献

(1) M・ファラデー(矢島祐利、稲沼瑞穂訳):電気学実験研究(一)・(二)、岩波文庫(岩波書店、一九四一・一九四五)。
(2) M・ファラデー(矢島祐利訳):蠟燭の科学、岩波文庫(岩波書店、一九三三)。
(3) J・チンダル(矢島祐利訳・編):発見者ファラデー、現代教養文庫(社会思想社、一九七三)。
(4) D・K・Cマクドナルド(原島 鮮訳):ファラデー、マクスウェル、ケルビン、(河出書房、一九六八)。
(5) J・M・トーマス(千原秀昭、黒田玲子訳):マイケル・ファラデー 天才科学者の軌跡(東京化学同人、一九九四)。

（6）H・スーチン（小出昭一郎、田村保子訳）：ファラデーの生涯（東京書籍、一九七六）。
（7）E・T・ホイッテーカー（霜田光一、近藤都登訳）：エーテルと電気の歴史（上）（講談社、一九七六）。
（8）同（下）（講談社、一九七六）。

補注

＊1　シェラック：誘電率の大きい（二・七〜三・七）絶縁材料。東南アジアの植物に寄生するシェラック・カイガラムシが分泌する樹脂状物質。
＊2　文献(1)では比感応容量と訳されている。
＊3　オームの法則は最初一八二七年に発表されたが、この法則は一八四〇年ころまで認められなかった。

4章　ヘルツの実験

ファラデーからマクスウェルへ

ファラデーの電磁誘導の実験が発表されると、この現象は多くの科学者の興味を引き、それを確認するいろいろの実験が行なわれた。そしてすぐに、ファラデーの電磁誘導の法則は広く認められるようになった。しかし、それを説明するファラデーの磁力線の概念は、なかなか受け入れられなかった。当時の学界では、直達作用の理論が万有引力をはじめ静電気にも静磁気にも適用されて、理論的計算と実験結果とのすばらしい一致が見いだされていた。力の原因となる点から力が及ぼされる点までの距離と方向だけで作用する力が決まる、という単純な原理だけから、いろいろな物体に働く引力も斥力も正確に計算できるというのに、磁力線のような、いい加減なものを考えるのは近代科学ではないと見なされていたのである。

一八五五年十二月十日、ケンブリッジ学会（Cambridge Philosophical Society）で、そのとき二十四歳だったマクスウェルは「ファラデーの力線について」という研究を発表した。彼は、ファラデーの『電気学実験研究』を読んで、電磁気現象に深く興味を引かれ、さらにファラデーの考察に非常に啓発されてこの発表をしたが、そのさいに次のように述べたということである。

私の研究目的は、ファラデーの力線の概念と方法を厳密に数学的に応用することによって、彼が発見したいろいろの電磁現象の関係を導き出すことである。

それ以来マクスウェルは、ファラデーの力線と力線の場を数学的に表現する方法と、ファラデーのいう電気的緊張状態（electrotonic state）をどのように表したらよいか考えていた。(1)

マクスウェルの電磁理論

ここでは詳細を省略しなければならないが、マクスウェルは電気的緊張度を数学的に表現する関数としてベクトルポテンシャルを定義し、起電力はその時間的変化によって表されると考えた。(2) そして、磁場には回転的性質があるので流体力学との類推から、渦による表現、すなわち磁力線を渦糸に相当するものと考え、これは電気的緊張度のベクトルポテンシャルの回転によって表されるとした。磁場のある空間は磁力線で満たされているので、渦糸は細胞状に並んでいて、隣り合う磁力線が反発し合うのは渦の回転の遠心力に相当する性質であると考えた。隣り合う渦糸の細胞は同じ向きに回転しているので、その間の摩擦を避けるために、マクスウェルはローラーベアリングのローラーのように、小さなコロが渦糸の細胞の間にある図1のようなモデルを考えた。すべての細胞が同じ速さで回転しているときには、その間にあるコロは同じ位置にいて回転しているが、一部の細胞の回転速度が変わると、コロは回転しながら移動する。これが電磁誘導の誘導電流を表すと考えるのである。渦糸の回転速度は電気的緊張度を表すので、回転速度の変化が誘導電流を生じるということは、ベクトルポテンシャルの時間的変化が誘導電流を生じることに対応する。

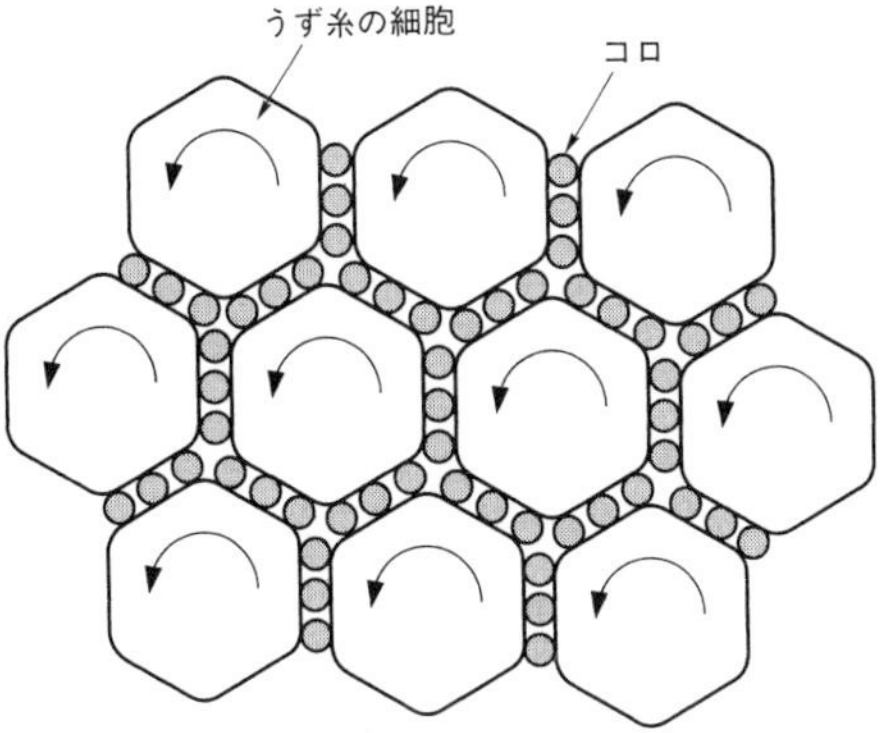

▲図1　マクスウェルのモデルの推測図
渦糸は柔らかいゴムのような円柱で，弾性変形して六角柱状になっていると考える．渦糸の間にあるコロは渦糸とは逆向きに回転する．

マクスウェルのモデルでは、渦糸細胞の境界にあるコロの移動が電流を表し、隣り合うコロの間の圧力は電気的張力を表す。このような力学的モデルで、コロを移動させると細胞が回転する。これがアンペールの法則、すなわち電流を流すと磁場ができることを表す。絶縁体には電流を流すことはできないけれども、電気的張力を変えるとコロの間の力のつり合いが破れてコロが動くので、やはり細胞の回転、すなわち磁場を生じると考えなければならない。マクスウェルはこのようにして、一八六一年に変位電流（現在の用語では電束電流）をアンペールの法則に導入した[3]。

このようにして彼は、媒達作用論に基づくファラデーの電気力線と磁力線を数学的に表現することによって、電磁気の一般的方程式を見いだした。しかし、首尾一貫した基礎方程式が得られた後では、渦細胞のモデルは撤去している。そして、『電磁場の動力学的理論』という論文を一八六四年の王立学会で講演発表し、一八六五年に印刷発表した[4]。これがマクスウェルの電磁理論として有名なものであるが、その表現は現在ふつう「マクスウェルの方程式」とよばれている四つの方程式と違って二〇個の方程式である。電場や磁場の方程式ではなくて、スカラーポテンシャルとベクトルポテンシャルで表現され、運動している媒質の電磁場への拡張も含まれている。それが、後になって発行されたマクスウェルの電磁気学の著書では、四組の方程式にまとめられた[5]。

変位電流を導入して得られた『電磁場の動力学的理論』は、絶縁体または真空中で電場と磁場の擾乱が波動となって伝わることを示すものであった。その伝搬速度は、媒質の誘電率と透磁率によって与えられる。W・ウェーバーとR・コールラウシュが測定した空気の誘電率と透磁率の値を用いると、電磁的擾乱すなわち電磁波の伝搬速度は3.107×10⁸ m/sになる*1。この値はH・L・フィゾーが測定した光速度の値3.15×10⁸ m/sと非常によく一致しているので、光は電磁波であろう、とマクスウェルは考えた。

しかしこのころは、マクスウェルの理論のように新しい概念を含む理論はなかなか理解されないで、『電磁場の動力学的理論』が発表された後でも、賛成論より反対論の方が強かった。在来の電気学者によれば、コンデンサーを充電・放電する電流は閉じていないで、コンデンサーの電極の表面で終わっている。「変位電流によって、すべての電流は閉じている」というマクスウェルの原理には実験的な証拠もなく、とても認められなかった。まだ変位電流の考えも認められていないし、電磁波を発生することも検出することもできないと思われていたときに、光の電磁波説はまさに天才の閃きから生まれた。それにしても、電磁波の伝搬速度の計算値と光速度の測定値が、真値の2.998×10^8m/sに対して同じ向きの誤差をもっていたことは、偶然の幸運であったというべきである。

学士院の懸賞問題

一八五七年ハンブルグで生まれたH・R・ヘルツは、一八七八年ミュンヘン工科大学からベルリン大学に移って、G・キルヒホッフとH・ヘルムホルツに学んでいた。キルヒホッフはすぐに彼の非凡な才能を認めて、大学卒業前に二十一歳の彼を助手にした。そこでのヘルツの最初の研究は、導体の中を流れる電気粒子の慣性質量を実験的に求めることであった。この研究論文は厳格なことで知られるベルリン大学で非常に高く評価されて、ベルリン大学学部賞を授与された。

このころヘルムホルツは、一八六四年に発表されたマクスウェルの理論とその反論のどちらが正しいか、実験的に決着をつけたいと考えていた。そこでプロシア学士院を説得して、懸賞問題を出した。その問題は「絶縁体の誘電分極が電気動力学的作用をもつかもたないかを実験的に決めること」、すなわち誘電体の電場が時間的に変化するとき、その近くに磁場を生じるかどうかの実験的検証であった。一八七九年、ヘルムホルツはヘルツにこの問題を研究するように勧めた。

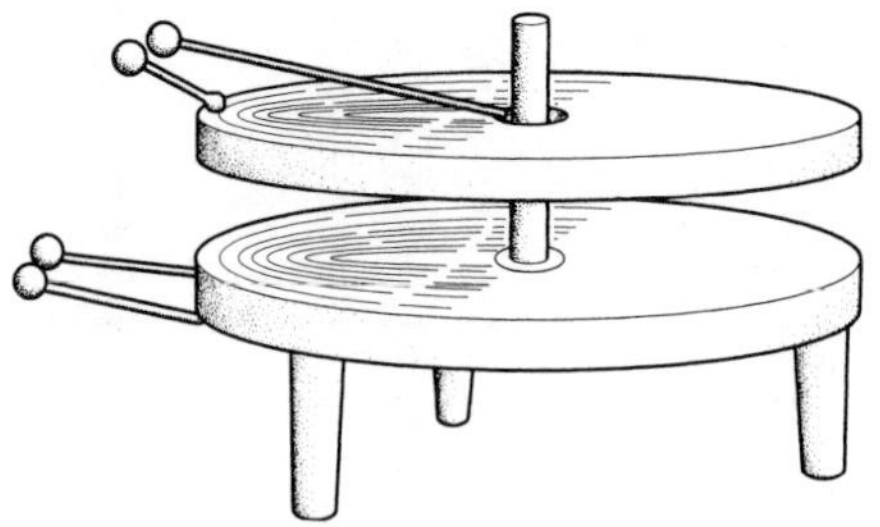

▲図2　火花間隙のついた2枚の円板形コイル（Knochenhauer Spiralen）

ヘルツはコイルを通してライデンびんの電気を放電したときの電気振動を使って、この実験ができないかどうか考えた。その結果、実験可能な条件では、期待される効果は非常に小さくて誰にも検出できないだろうという正しい予測に達したので、実験にはとりかからなかった。しかし、このとき以来マクスウェルの理論とその実験的検証とを深く考えるようになった。彼はその翌年の一八八〇年にベルリン大学を卒業し、弾性、摩擦、磨耗などの研究で多くの論文を書いている。その中には気体中の放電の研究もあった。

一八八三年彼はキール大学の講師になったが、そこでは実験室も実験設備も貧弱だったので、もっぱら理論的研究を行なった。そして一八八五年に二十八歳でカールスルーエ工科大学の教授になるまでに、マクスウェルとは別の原理からマクスウェルと同等の基礎方程式を導出する研究などをしている。余談になるが、実験ができないのでヘルツには不満だったキール大学の後任は、後に有名になるM・プランクであった。

カールスルーエ工科大学でヘルツは図2のような一対の渦巻きコイルのそれぞれに火花間隙をつけて実験した。そして、上側のコイル（一次コイル）の火花間隙に火花を飛ばすと、下側のコイル（二次コイル）の火花間隙にも火花が見られることを発見した。二つのコイルは離れていて、付近

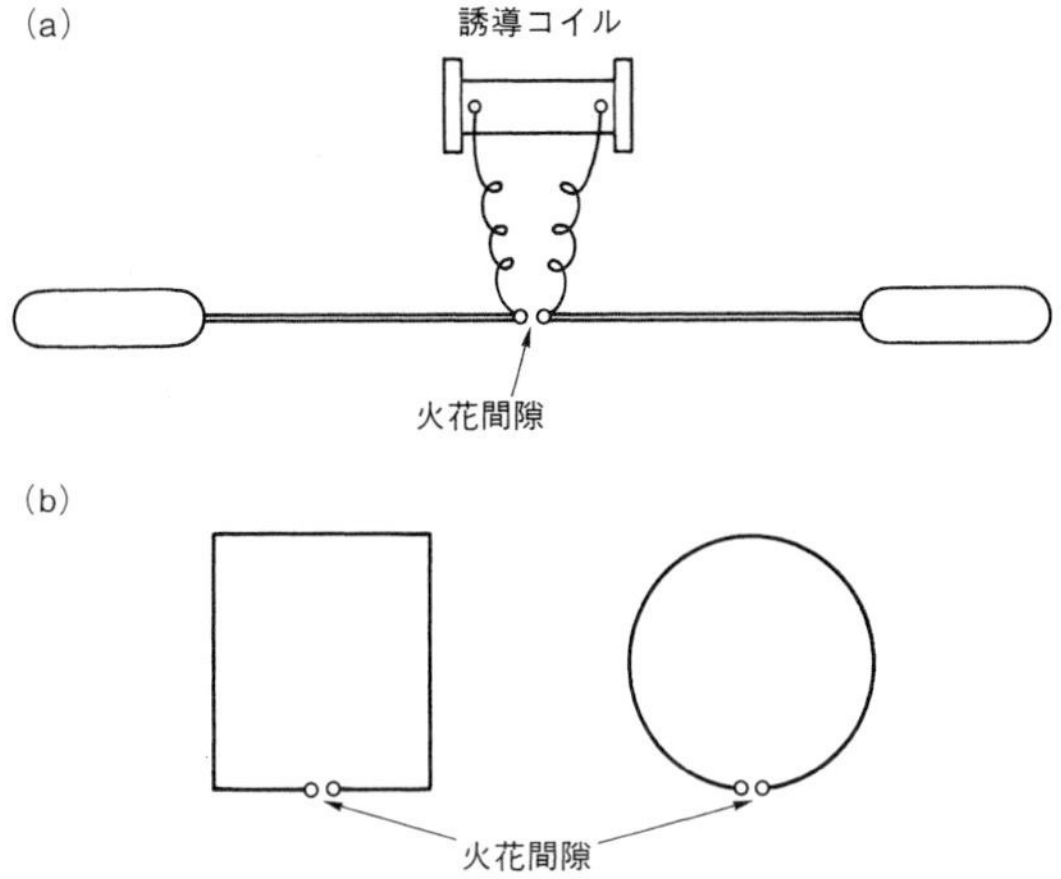

▲図3　(a)ヘルツの振動子と(b)ヘルツの共鳴器

に鉄はない。彼は一次コイルに電池をつないだときの電気振動は一〇キロヘルツくらいであるが、ライデンびんを使ったときは一メガヘルツくらいになると推定している。振動数が一メガヘルツでは波長が三〇〇メートルになるので、電磁波を検証するにはもっと高周波の振動が必要なことを彼はよく知っていた。

実験を続けているうちにヘルツは、一次回路の振動周期と二次回路の振動周期がほとんど等しいときに、誘導効果が強く起こることを見いだした。一次回路と二次回路が共鳴したときに、二次回路の火花間隙に強い火花を生じるという発見は、非常に重要なものであった。なぜなら、それによって、一次回路から遠く離れた所で電気的擾乱を検出することが可能になったからである。

コイルとコンデンサーをつないだ閉じた回路より、もっと高周波の電気振動の発振器と検出器をつくる方法として、ヘルツは「開いた回路」を考

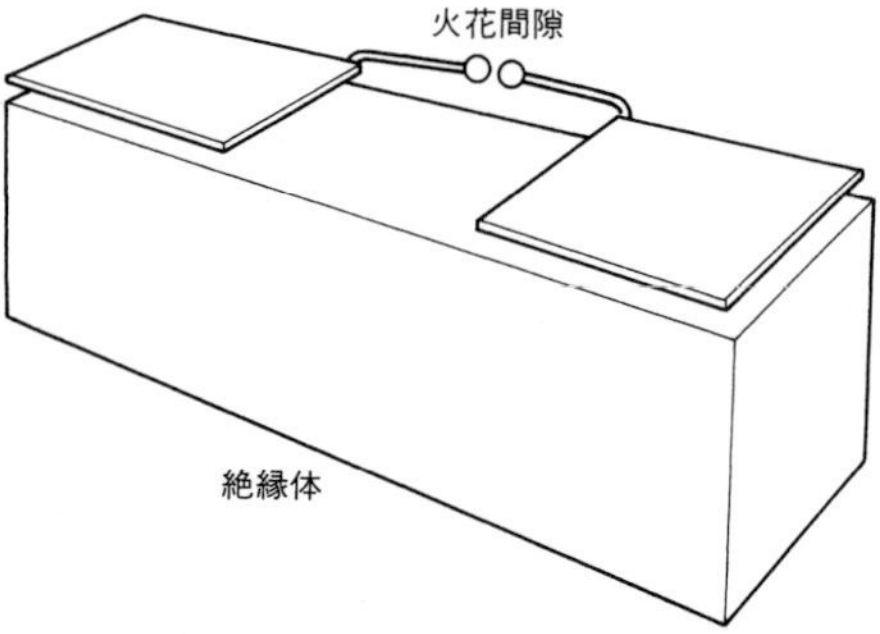

▲図4　ヘルツが高周波誘電分極の電磁効果を実験した装置の略図
最初の実験では，誘電体として1.4×0.6×0.4 m³ もの大きさで，重さが400 kg 以上もあるアスファルトが用いられた．

案した（58ページ表1の論文1）。それは図3(a)のように、火花間隙の両極にそれぞれ針金で金属板をつないで、それを左右に開いたものである。二枚の金属板は、間に広い空間をはさんだ変形コンデンサーと見なすことができる。ライデンびんの場合のように電場が箔の間に閉じ込められないで、空中いっぱいに広がっている。このような「開いた回路」にすれば、確かに電気振動の周波数は高くなり、電気振動のエネルギーは空中に広がるであろう。[*2]この火花間隙に放電を起こすには、おもに誘導コイルを使った。今ではこれを「ヘルツの振動子」または「ヘルツの発振器」とよんでいる。

一八八七年の終りごろ、ヘルツは図4のような振動子をつくって、そのそばに絶縁体を置けば、何か変化が起こるかもしれないと考えて実験した。そして大量のアスファルトを置くと、まわりから鉄も導体も遠ざけていても、電磁場ベクトルの向きが対称的でなくなることを発見した。同様の効果は導体の板を近づけても生じるが、彼は導体と絶縁体の場合との差異を検出した。しかし、この効果はアスファルトに含まれている不純物のせいかもしれないので、純粋な物質で実験しようとしたけれども、必要な量の純粋絶縁体は手に入らなかった。最初の実験は波長六メートルに相当する五〇メガヘルツだったので、彼は次により高周波の一〇〇メガメルツの発振器をつくって実験した。周波数が二倍になれば、必要な絶縁体の量は八分の一になるからである。そこで、パラフィン、硫黄、乾燥木材、砂岩、石油などでくわしく実験した。絶縁体の種類によって電磁場の向きがかたよる角度は違うけれども、純粋物でも不純物でも同様の効果が見られたので、彼はこれこそ絶縁体の高周波分極が電磁場を生じる証拠であると結論した。

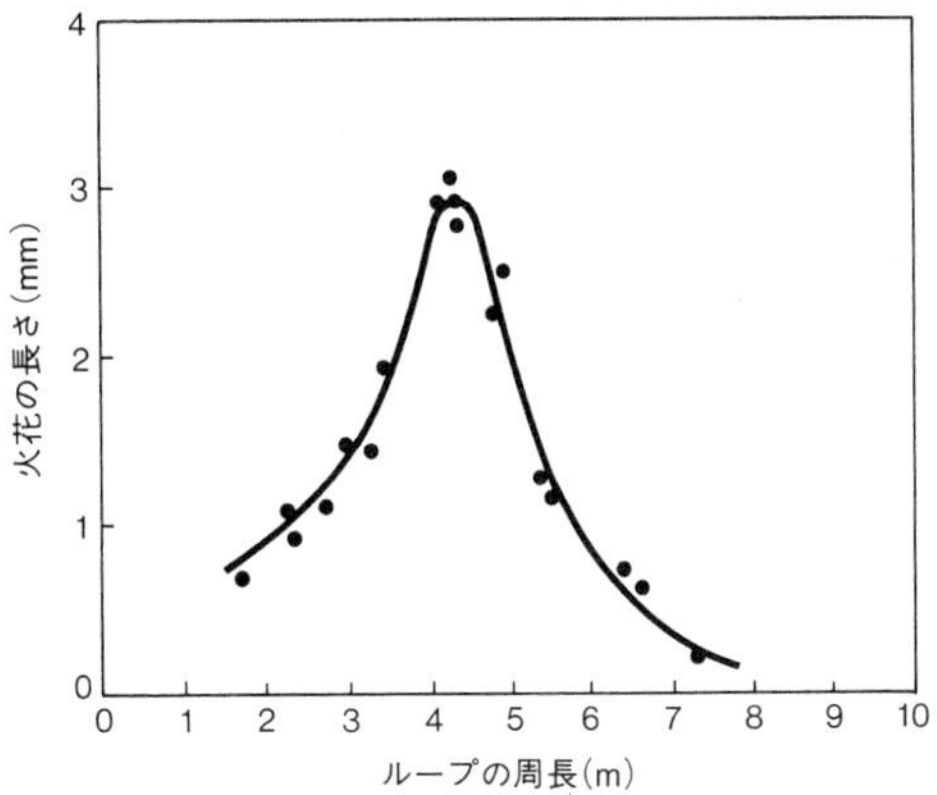

▲図5　検波器としてのヘルツの共鳴器の共振特性
ループの周長を変えて，火花間隙に火花が見られる最大の間隔を測定したグラフ．ヘルツは0.3 mm以下の間隙の火花まで観察している．

このようにして彼は、絶縁体に生じる誘電分極が時間的に激しく変化すると電磁気作用を生じることを実証したのである。そこでさっそく、懸賞問題の解答を得た実験の報告を書き、理論的解析は付けなかったが、論文をヘルムホルツに送って発表した（表1の論文4）。しかし懸賞の期限は一八八二年になっていたので、ヘルツはこの賞金を受け取ることはできなかった。マクスウェルの『電磁場の動力学的理論』から二三年後のことであり、マクスウェルはすでに一八七九年に世を去っていた。

▼表1　電磁波に関するヘルツの論文[6]　(Annalen der Physik)

論文題目	受理日	発行日
1．非常に速い電気振動について	1887.3.23	1887.5.15
2．電気放電に対する紫外線の影響について	1887.5.27	1887.7.1
3．脈流が近傍の回路に及ぼす作用について	1888.2	1888.3.15
4．絶縁体の電気的擾乱によって生じる電磁効果	1887.11.5	1888.4.15
5．電磁作用の伝搬の有限な速度について	1888.1.21	1888.5.15
6．空気中の電磁波とその反射について	1888.4	1888.5.20
7．マクスウェルの理論で取り扱った電気振動の力	1888.11	1888.12.15
8．電気放射について	1888.12	1889.2.15
9．針金に沿う電波の伝搬について	1889.3	1889.6.15
10．電気と光との間の関係について	1889.9.20 ハイデルベルグで講演	
11．静止物体の電磁気の基礎方程式について	1890.3	1890.7.15
12．運動物体の電磁気の基礎方程式について	1890.9	1890.10.15
13．針金の電波の力学的作用について	1891.1	1891.2.12

ヘルツ波の実験

ヘルツは次に図3(b)の検出器のループの長さを変えて実験し、図5の結果を得ている。ループの長さが約四メートルのときに火花がもっとも飛びやすくなっているので、このときの電磁波の波長は約八メートルで、検出器がそれに共鳴したことを示している。さらに彼は、こうしてつくられた電磁波が空中を伝搬する速度を測定して、それが光の速度と同程度の大きさになることを見いだした（表1の論文5）。この実験は後に反論もあったが、彼の一八八八年のこの研究は、より直接にマクスウェルの理論を正当化したものと認められている。引き続いてヘルツは振動子を改良して、波長が六メートル、三メートル、〇・七メートルなどの電波を発生した。その電波を使って、電波の偏り、金属板による反射などの実験を行い、コーナーレフレクターや放物筒面反射鏡を考案して指向性ビームをつくった。そして、ピッチのプリズムによる屈折などさまざまな実験をして、電波と光との類似を明らか

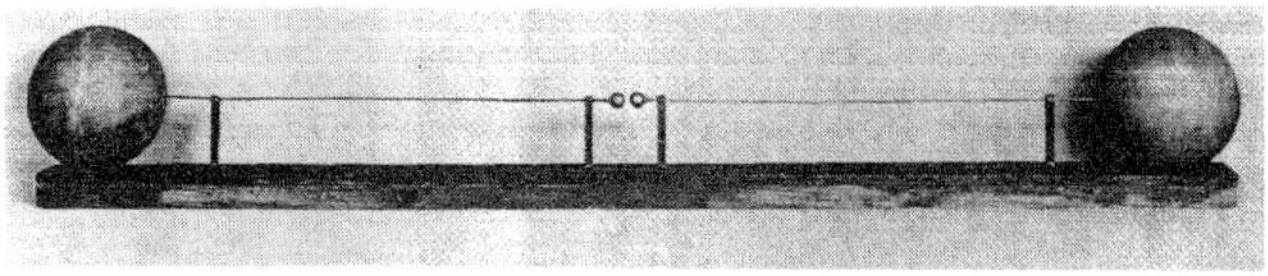

▲図６　ヘルツが最初に実験した振動子
ドイツ博物館に展示されている．

にした。定常波をつくって波長を測定し、同軸線路による伝搬も実験しているし、スリットによる電波の回折までも実験している。こうして、彼は光と電波のあらゆる類似を実証した。

ヘルツの実験装置の現物はミュンヘンのドイツ博物館に展示され、複製がシカゴとロンドンの科学博物館にある。図６はドイツ博物館に展示されているヘルツの振動子の写真である。なお、電気振動から発生された電磁波を、日本では電波といっているが、英語ではラジオ波（radiowaves）、フランス語ではヘルツ波（onde hertzienne）、ということが多い。

ホイッテーカーによれば、ヘルツよりおよそ七年前に、火花発振器の実験をした人がいた[7]。スコットランドのD・E・ヒューズは、火花発振器から発生される信号が、炭素粒マイクロフォン[*3]に電話の受話器をつないで聞くことによって、四五〇メートルも離れた場所で検出できることを見いだしている。彼は信号が空気中の電気波によって伝達されたと主張し、王立学士院長、G・G・ストークスおよびW・H・プリースの前でこの実験を披露した。運悪く彼らは、この効果はふつうの電磁誘導で説明できるだろうという意見に傾いた。ヒューズはがっかりして、ずいぶん後になるまでこの研究を公表しなかったので、優先権はやはりヘルツにある。それに、ヘルツは伝送実験だけでなく、波長や伝送速度を測るなど、さまざまな電波の性質を調べたのである。

ヘルツベクトル

ヘルツの実験によってマクスウェルの理論による電磁波が存在することは証明されたけれども、マクスウェルの理論では、ヘルツの振動子からどうして電磁波が出るかを説明することはできなかった。マクスウェルは導体のない空間の電磁場だけを取り扱っていたので、導体による電磁波の反射さえも考えていなかった。ヘルツはいまでは実験家として有名であるが、当時はマクスウェルの理論の本質を最もよく理解している理論家でもあった。

ヘルツの振動子の二つの電極がそれぞれ正負に帯電して電位差が十分大きくなると、火花間隙に放電が起こって間隙は導通状態になる。正負の電荷はすぐには中和しないで、両側の電極の間を往復するので振動電場をつくり、電荷の運動（電流）は振動磁場をつくる。これがどのようにして放射されてマクスウェルの電磁波になるかという問題の解答は、すぐにヘルツ自身によって与えられた。彼は、導体と絶縁体との境界を含む空間の一般的電磁場を取り扱うのに、ヘルツベクトルまたはヘルツの超ポテンシャルとよばれるようになった関数を考案した。

はじめに述べたように、マクスウェルはベクトルポテンシャルとスカラーポテンシャルを使って電磁場を表した。ベクトルポテンシャルは電流分布に結び付き、スカラーポテンシャルは電荷分布に結び付いているが、電荷保存法則があるので電流分布と電荷分布とは独立ではない。そこで、ヘルツの定義したヘルツベクトルを使うと、ベクトルポテンシャルとスカラーポテンシャルとの二つ

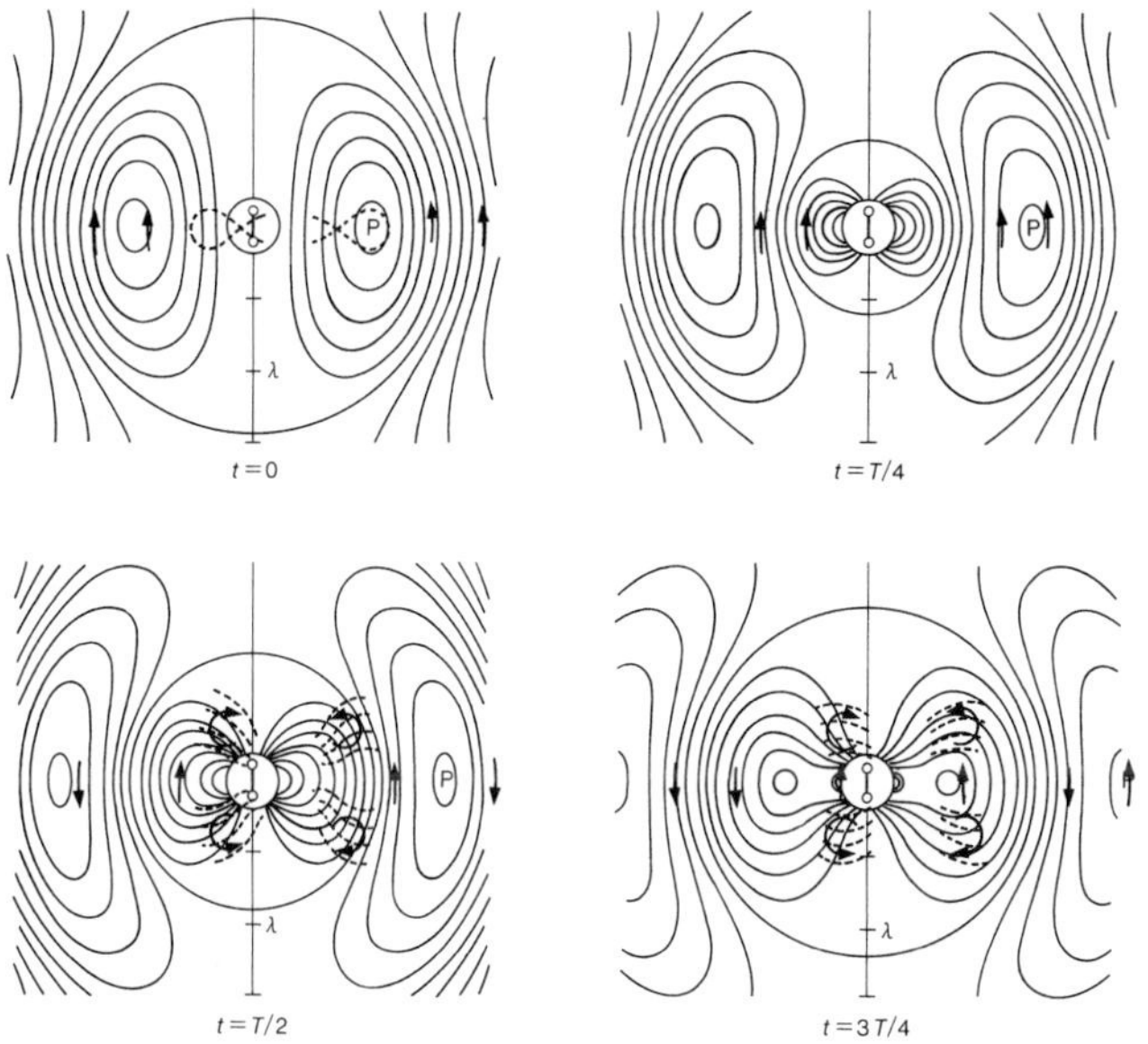

▲図7　ヘルツの振動子のまわりの電気力線
T は半周期で，1/8 周期ごとの電気力線が描かれている（表 1 のヘルツの論文 8 より転載）．

の関数を使わないで一つの関数だけで電磁場を表すことができる。彼はこれを用いて、ヘルツの振動子から放射される電磁波が図7のようになることを実験の翌年の一八八九年に発表している（表1の論文8）。導体と絶縁体の境界を含む一般的電磁場の問題を見通しよく解くのにヘルツベクトルは有力なので、その後発展した無線電信やラジオなどのアンテナの理論的研究によく使われている。

さて図7で、振動子の電気振動によって、電極にある電荷が $t=0$ から増えていくと、両電極に終端をもつ電気力線は増加し、外側に向かって広がっていく。電極の電荷が $t=T/2$ で最大値になると、両電極に終端をもつ力線は外側に進むのをやめ、内側に向かって引き込まれる。しかし、力線が縮むときに遠方の力線は取り残されて、力線は途中でくびれ、次にはちぎれて遠方の力線が輪の形になる。こうして電気振動の半周期Tごとに、渦巻き状の輪になった電気力線が放射される。半周期ごとに右回りと左回りの渦巻き状の力線が交互に放出されて、より遠方に進むにつれて平面波に近づいていくのである。

●

ヘルツは一八九〇年ころから悪性の腫瘍を病んで、あまり実験ができなくなっていたが、静止物体系における電磁場の基本方程式の論文を提出した後、場の中に動く物体がある場合に方程式を拡張した（表1の論文11、12）。しかし、一八九二年には病気で講義もできなくなって、一八九四年一月一日に三十六歳の若さで死亡したので、その翌年のG・マルコーニの無線電信も知ることがなかった。脇道になるので本文では触れなかったが、ヘルツは一八八七年に光電効果を発見している（表1の論文2）、晩年にはP・E・A・レナードより先に陽極線のレナード効果を実験してい る。歴史に「もし」は許されないが、実験家としても理論家としても抜群の才能をもっていたヘルツが、もし六十歳台まで生きていたら、量子物理学の発展もラジオの発達も変わっていたであろう。

参考文献

（1） E・T・ホイッテーカー（霜田光一、近藤都登訳）：エーテルと電気の歴史（下）（講談社、一九七六）二七七ページでは、electrotonic state は「電気的興奮状態」と訳されている。

（2） J. C. Maxwell: "*A Treatise on Electricity & Magnetism*, 3rd ed. (1891)", Dover Publ. (1954), Vol. 2, Part IV, Chapter II. art. 540.

（3） J. C. Maxwell: Phil. Mag. **21**, 161, 281, 338 (1861).

（4） J. C. Maxwell: Phil. Trans. Roy. Soc. London, **155** (1865).

（5） 文献2の Part IV, Chapter IX, art. 618, 619.

（6） H. Hertz (Transl. D. E. Jones): "*Electric Waves*, Macmillan, New York (1893)"; Dover Publ., New York (1962).

（7） 文献1の三六六ページ

補注

＊1 SI単位に換算した値。このころはまだ、メートル法がなかった。

＊2 ファラデーの発見した電磁誘導を応用して高電圧を発生する誘導コイルは、すでに実験室の主要な装置になっていた。

＊3 原理的には、後に発明されたコヒーラーに相当し、電波を受けると炭素粒の間の接触抵抗が下がる。

5章　光の速さ

光の速さを測る

アリストテレスをはじめ、古代の人々は光の速さは無限大であると信じていた。何についても無限大はあり得ないから、光の速さも有限であるという主張もあったが、論争は哲学的で決着はつかなかった。その議論は、遠方で花火を上げるのを見ていると、打ち上げた音は後から聞こえるけれども、光は花火を上げた瞬間に見えるからである、という以上の論拠はなかった。そして、初めて光の速さを科学的に測定したことが文献に出ているのは、ずっと後の一六三八年のことである。ガリレオ・ガリレイは『新科学対話』の中で次のように書いている。[1]（一部修正）

サルビアチ：私は光の速さを正確に決定できるような方法を考え出すに至りました。その実験は次のようなものです。

二人の人に、めいめい、手を置けば光が相手に見えなくなり、手を離せば相手に見えるようにできている提灯か何かの容器に入れた光を持たせます。次に二人を向かい合って立たせ、相手の光を見た瞬間に自分の光の覆いが除かれるよう、その開閉に熟練するまで練習させます。これを短距離で熟練してから、夜分一～三マイル離れた所に立たせて、この同じ実験を行い、この光のオン・オフが短距離と同じテンポで行なわれるかどうかをよく注意して見分けさせます。もし同じであったら、光の伝搬は同時的であると結論して差支えないでしょう。もし遅れがあったら、それはこちらの光が行って向こうの光が帰ってくるのに時間がかかったことになります。

サグレド：なるほど、巧みな信頼のおける実験ですね。ですが、貴方はこの実験からどう結論しましたか。

サルビアチ：実際は、この実験を一マイル足らずの距離で行なっただけなのです。それからは、相手の光の現れるのが同時であったかどうかを決めることができませんでした。しかし同時的ではないとしても、途方もなく速いのです。――いわば、瞬間的ともいうべきです。[*1]

天文学的方法

ガリレイは光の速さを求めることはできなかったが、彼の発見した「振り子の等時性」に基づい

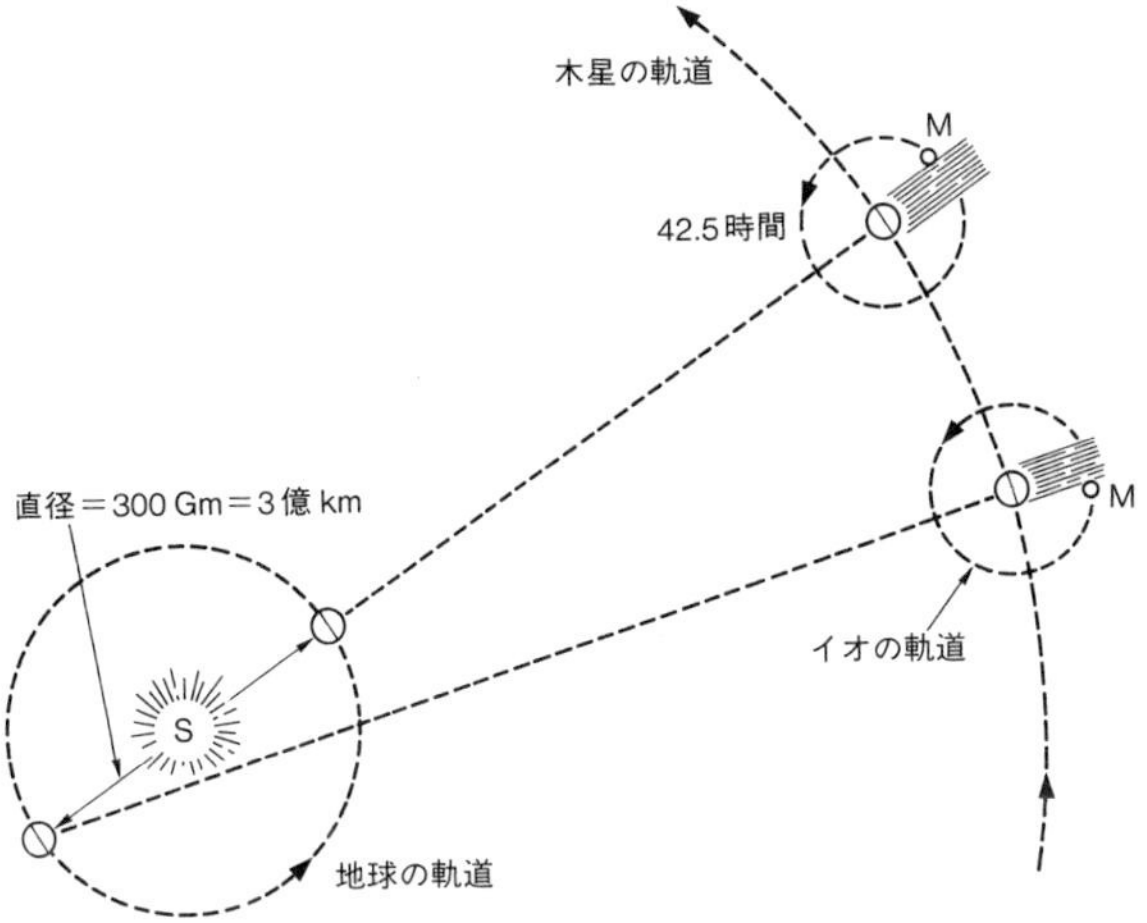

▲図1　レーマーの考察

地球が太陽のまわりを公転するにつれて，木星との間の距離が変わるので，光速度が有限ならば木星の衛星イオの食の観測時刻の遅れが変化する．

て、機械式時計が発達した。当時、貿易と探検のために航海が盛んになっていたが、遠洋航海で船の経度を知るには正確な時計が必要である。しかしその頃の時計は精度が不十分だったので、毎日決まった時刻に起こる天体現象があれば、それを使って洋上の船の時計を正確な時刻に合わせることができると考えられた。それには、ガリレイが一六一〇年に発見した木星の衛星の食が候補であった。

木星の衛星の一つ、イオが木星の陰に入ったり出たりする食の周期は四二時間半であるが、それを観測していた多くの天文学者は、この周期が年月とともに変わることを知って、不思議に思っていた。デンマークに生れ、パリで観測していたO・レーマーは注意深い観測と計算の結果から、これは光の速さが有限であるからではないかと考えた。地球と木星は図1のように太陽のまわりを公転しているので、地球が木星と最短の距離にいるときに比べると、遠ざかるにつれて木星の食が観測される時刻が遅れ、最長距離に達した後では近づくにつれて遅れを取り戻すのである。レーマーの観測した遅れ時間の二二分は、光が地球の公転軌道直径を通る時間になるので、彼は一六七六年に光の速さとして $c=214$ Mm/s(2.14×10^8 m/s) という値を得た。(2)

この値は今日知られている値に比べると二九パーセントも小さいけれども、これはそのころの時計の精度と地球の軌道の誤差によるものである。彼は、昔から無限大かと思われていた光の速さを初めて実証的に測定し、およそその大きさで正しいオーダーの値を与えたことに価値がある。それでも大部分の科学者はすぐにはこれを認めなかった。しかし、一七二七年にイギリスのJ・ブラッドレーは恒星の光行差から光速度*2 $c=301$ Mm/sを求め、(3) それ以来、光がこのような速さで伝わることが信じられるようになった。光行差というのは、光に対して垂直に速さ v で移動している観測者には、光の方向が v/c ラジアン傾いて見える現象である。なお木星の食について一七九〇年および一八七四年の観測値を使って光速度を求めると $c=303\pm3$ Mm/s になる。(4)

地上での光学的測定(4)

地上での光速度は、レーマーの二世紀後の一八四九年、フランスのA・H・L・フィゾーによって最初に実現された。優れた光学者であった彼は、回転歯車を使った図2の実験を考案した。光源Sの光はレンズで集束され、ハーフミラーM_1で反射されて回転歯車Gの歯で断続される。回転歯車

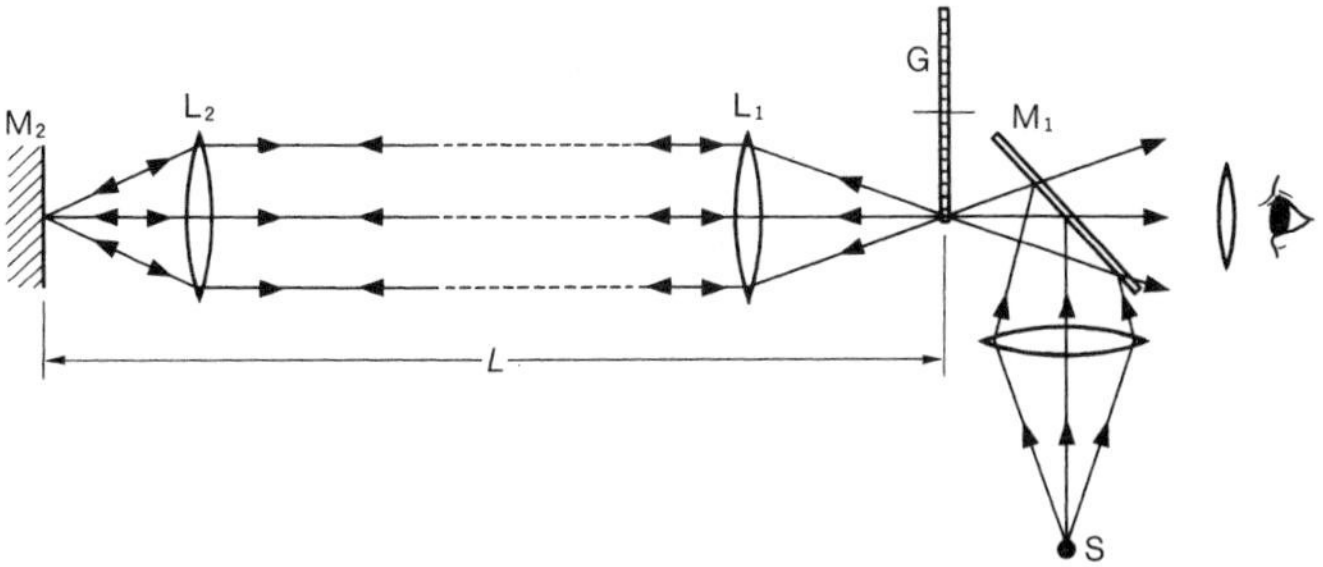

▲図2　フィゾーの実験
S は光源，M_1 はハーフミラー，G は回転歯車，L_1，L_2 はレンズ，M_2 は反射鏡．

は今様のチョッパーである。歯の間を通った光はレンズL_1で平行光線にして遠方の鏡M_2に送られ、反射光は再びレンズL_1で歯車の歯の所に集束されるようにする。歯車の回転が遅いときには、反射光は歯の間を通って眼に入る。しかし歯車の回転速度を次第に上げていくと、見えている反射光は次第に暗くなり、さらに回転速度を上げると明るくなる。

彼は歯数七二〇枚の歯車を用い、M_2までの距離$L=8.633$ kmで実験し、回転速度が毎秒十二・六回転のとき、最も暗くなることを見いだした。光が$2L$の距離を進む時間Δtに、歯車は歯の半周期だけ進んだことになるので、これから光の速さ

$$c=2L/\Delta t$$

を計算すると、$c=2\times 8.633\times 720\times 12.6\times 2$ km/s$=313$ Mm/sとなる。

このように説明すると、遠方の鏡M_2の前のレンズL_2はなくてもよいことになる。理屈ではそうでも、L_2がなかったら実験はできない。反射光が真っ直ぐに戻るように鏡M_2を調整することができないからである。フィゾーは半径四センチメートルのレンズを使ったが、そうすると鏡M_2の向きは一秒角以内に正確でないと、反

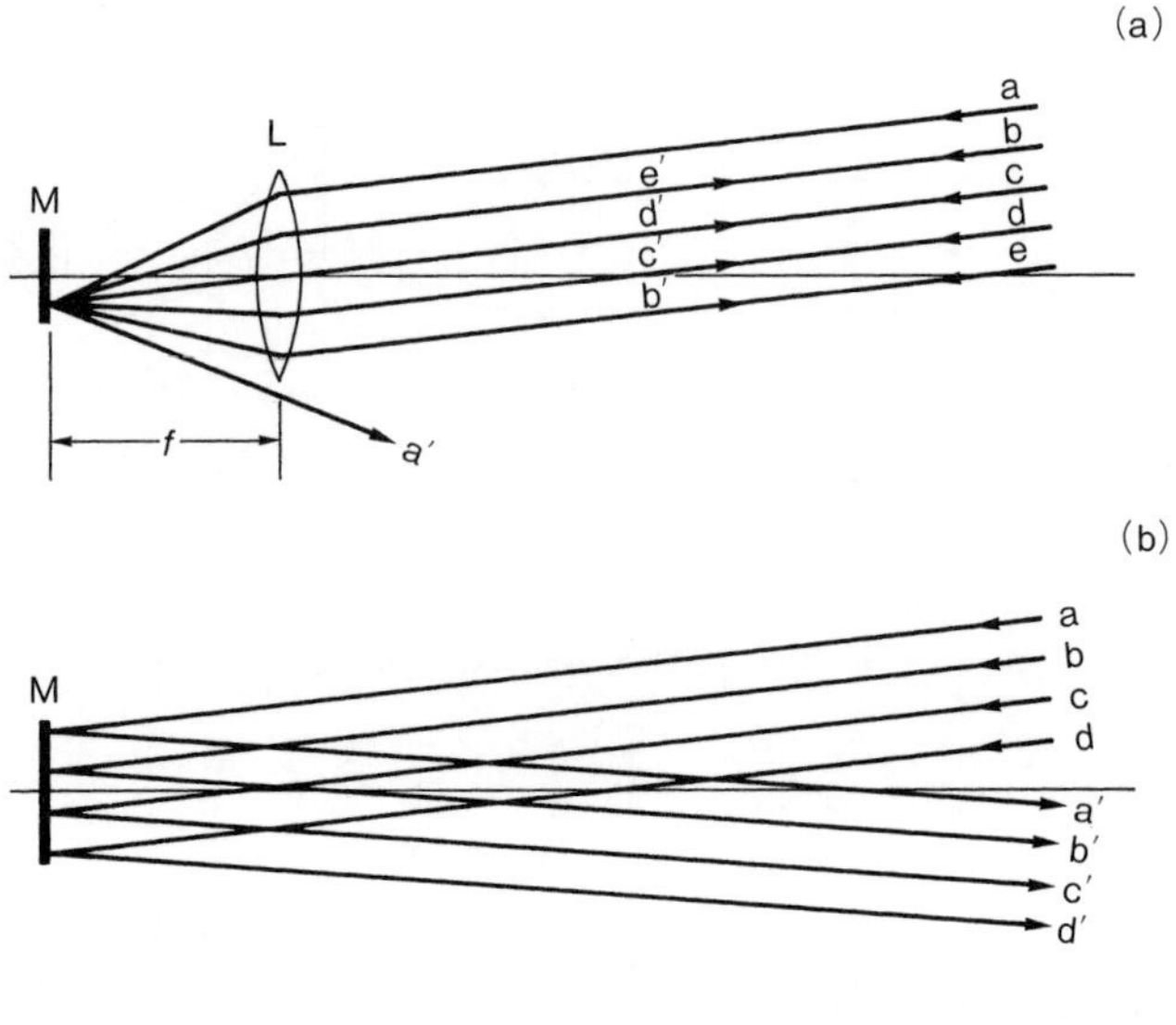

▲図3　(a)レンズと鏡の系（キャッツアイ）による反射，(b)平面鏡による反射

射光がレンズL_1に入らない。リモコンがあってもこれはむずかしいし、電話と望遠鏡でも不可能である。レンズL_2があると、M_2とL_2が少しくらい傾いていても、図3(a)のように反射光は真っ直ぐに戻る。さらに重要なことは、大気の屈折率はゆらいでかげろう現象を起こすことである。L_2がないときには、大気の屈折で光線が$\varDelta\theta$だけ曲げられると、反射光は図3(b)のように入射光に対してけっきょく$2\varDelta\theta$曲げられるが、レンズL_2があるときはマイナス$\varDelta\theta$方向に反射されるので、大気がゆらいでも同じところに光が戻ってくる。レンズL_2とその焦点においた鏡M_2との組み合わせは、いまではキャッツアイ（猫の目）として知られている。

このようにフィゾーの実験は非常に巧妙に工夫され、つくられていたけれども、後から見ると欠点もある。まず、戻ってくる光が最

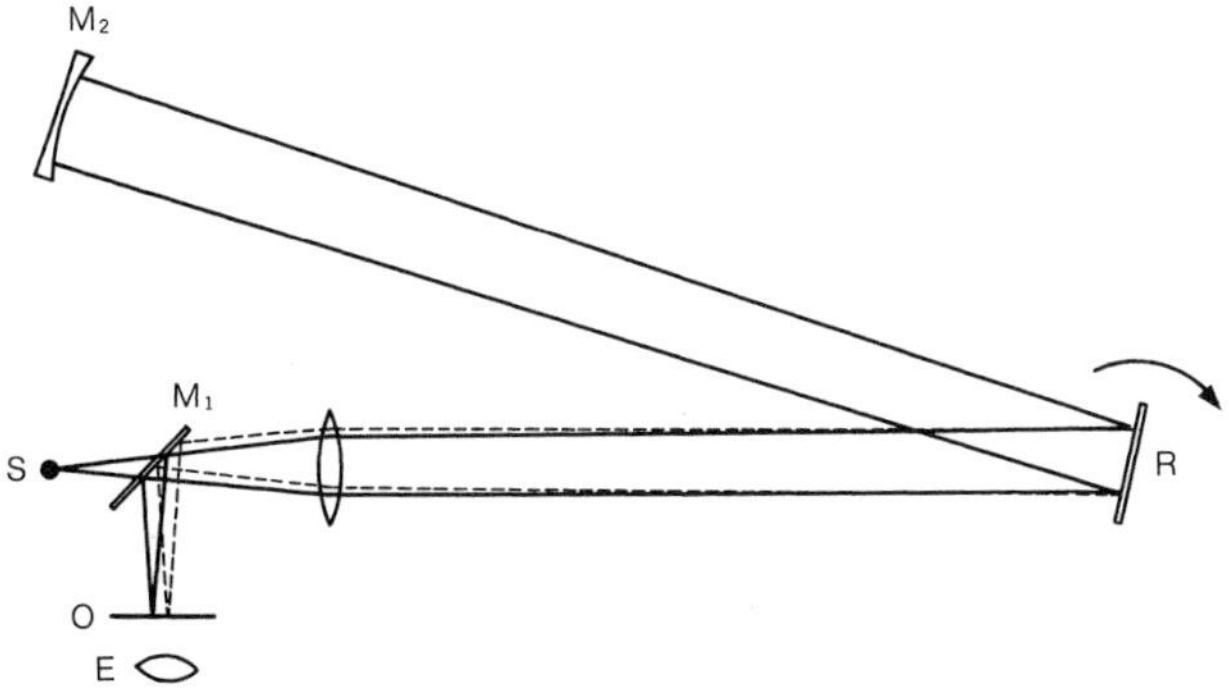

▲図 4　回転鏡による光速度測定法
S は光源，M_1 はハーフミラー，R は回転鏡，M_2 は凹面反射鏡，O は観測面，E は接眼鏡．

も暗くなる条件を正確に決めるのはむずかしい。それに歯車は光源の光で照らされているので、黒くしておいても乱反射された光が邪魔になる。J・L・フーコーはこれらの欠点を改良するために、回転歯車の代わりに回転鏡を用いて一八六二年、さらに精密に光速度を測定した。

フーコーの測定法では、図4のように光源Sからの光を高速回転鏡Rに送り、その反射光を遠方の凹面鏡M_2で反射させ、再びRで反射して戻った光をハーフミラーM_1で反射させて観測する。Rが回転していないときには戻ってきた光は実線のように進んで観測面Oの上に像をつくるが、Rが回転していると、戻ってきた光は破線のように進み、Oの上の像の位置がずれる。フーコーの実験では、凹面鏡M_2までの距離がわずか二〇メートルでも像の位置が〇・七ミリメートルずれ、このずれの大きさとRの回転速度の測定から求めた光速度の値は$c=298.0\pm0.5$ Mm/sとなった。

米国のA・A・マイケルソンは、フーコーの方法を改良して光速度の実験を始め、一八七八年以来、より精密な測定値を発表している。フーコーの方法では、鏡を回転したときに装置が歪んで像のゼロ点が動いたりすることによって誤差が入りやすい。そこで彼はこれを改善するために多面鏡を用い、長い光路をつかって実験した。多面鏡の一つの面で反射された光が光路を往復する時間に多面鏡の次の面がちょうど前の面と同じ位置まで回ってくる条件を求めれば、光速度の測定精度が上がる。彼は八面鏡を用いて、ウィルソン山とサンアントニオ山の間で三五キロメートル光を往復させる測定をして、一九二四年に c=299 802±30 km/s を得た。彼はさらに装置を改良し、十二面鏡と十六面鏡を用いた多数の測定から、一九二六年には c=299 796±4 km/s を報告している。[4] これらの測定は大気中で行われたので、空気の屈折率による補正を入れてある。[*3] しかしこの補正には誤差が大きく、その他の系統的誤差の評価も楽観的すぎるという批判を免れなかった。そこで、彼は低真空に排気した鋼鉄管中の約一・六キロメートルの距離で光を四または五往復させる測定を実行した。彼はその途中で一九三一年に世を去ったが、仕事はピースとピアソンによって引き継がれ、一九三五年に合計およそ三〇〇〇回の測定の平均値から c=299 774±11 km/s が得られた。[*4]

回転歯車や多面鏡の代わりにカーセルを使って高周波で光をオン・オフする光速度測定は、ドイツのA・カロールスとO・ミッテルシュテットによって実施され、彼らは一九二八年に c=299 778±20 km/s を得た。米国のW・C・アンダーソンは検出器に光電管を採用して測定誤差を減らし、一九三七年には c=299 771±12 km/s を、一九四一年には c=299 776±14 km/s を得た。これらの値はマイケルソンらの一九三五年の測定値とよく合っているので、一九四一年以後かなりの

▼表1　光学的方法による光速度の測定値とその確率誤差

年	測　定　者	測定法	測定値（Mn/s）
1849	フィゾー	回転歯車	313
1862	フーコー	回転鏡	298.0±0.5
1872	コルニュ	回転歯車	298.5±0.9
1874	同	回転鏡	300.4±0.8
1878	マイケルソン	同	300.14±0.70
1879	同	同	299.91±0.05
1882	ニューカム	同	299.81±0.03
	マイケルソン	同	299.85±0.06
1908	ペロチン・プリム	回転歯車	299.70±0.08
1924	マイケルソン	多面鏡	299.802±0.030
1926	同	同	299.796±0.004
1928	カロールス・ミッテルシュテット	カーセル	299.778±0.020
1935	マイケルソン・ピース・ピアソン	多面鏡	299.774±0.011
1937	アンダーソン	カーセル	299.771±0.012
1941	同	同	299.776±0.014

間、光速度の国際的調整値[*5]として

$$c = 299\ 776 \pm 4\ \mathrm{km/s}$$

という値が採用された。ここで、光学的方法で測定された光速度のおもな値を表1にまとめておく。これらの数値につけられている誤差は誤差論に基づく確率誤差（probable error）であるが、これについては後にまた触れることにしよう。

電波技術による光速度の測定(4)

電波の伝搬速度の測定はマクスウェルとヘルツに始まるが、光学的速度測定に匹敵する精度に達したのは、マイクロ波技術が成熟した一九五〇年頃であった。光学的な光速度測定では、何キロメートルもある長距離を精密に測定しなければならないが、その精度はおよそ1×10^{-7}が限度である。しかし、恒温の計測実験室ならば、メートル原器の精度である約1×10^{-8}の精度で長さを測定することができる。一方、時間の測定では、振り子式の天文時計が基準であったが、一九五〇年代には水晶時計の精度が天文時計の精度を超えるようになった。また、空気の屈折率の補正や、真空中の測定にも、実験室内の測定が有利である。そこで、電波技術を利用したいろいろの方法で光速度の精密測定が行われるようになった。

空洞共振器法

英国のL・エッセンは内径七・四センチメートル、長さ八・五センチメートルの円筒形空洞共振器をつくり、三ギガヘルツ付近でいくつかのモードの共振周波数を測定した。そして、内径と長さを精密に測定した値と、真空中での共振周波数の精密な測定値から、一九四七年に光速度の値として $c=299\ 792\pm3$ km/sを得た。この光速度測定は、困難が多くて長い年月を要する光学的測定を上まわる高精度が短時日の実験から得られるので注目された。そして、その測定値がマイケルソンらの多数の光学的測定によって一九三〇年ごろから信用されていた値より15〜20 km/sも大きいことが問題になった。まず誰でも、光とマイクロ波では伝搬速度が違うかもしれないと考えるが、その可能性は天文観測から否定される。たとえば、一億光年遠方の変光星の光の速さが色によって3 m/s（cの10^{-8}倍）違ったとすると、変光に一年の色ずれが観測されるはずであるが、その千分の一の色ずれも観測されていない。いまではパルサーの観測によって、さらに何桁も高い精度で光と電波の速さに相違がないことがわかっている。

そこで、この測定法における系統的誤差の検討と、電波技術を利用した多くの測定が行なわれた。まず空洞共振器の寸法と共振周波数の測定精度が検討されたのは、光学測定における距離と回転鏡の回転速度と同様である。次に空洞共振器では、表皮効果（skin effect）が問題である。空洞の内壁は完全導体でないから、表皮効果によってマイクロ波は内壁にしみこんで、共振波長が長く、共振周波数は低くなる。表皮効果の深さは内壁の電気伝導率から計算することができ、銀や銅では〇・二マイクロメートル程度になるので、共振器の大きさが実効的にそれだけ大きくなる。これは、光速度の測定値にして2 km/s程度の系統的誤差（偏差）を与える。実際には、金属の表面の電気伝導率は切削や研磨のために内部とはかなり異なる。しかし空洞の内壁の電気伝導率が一様ならば、二つの異なるモードの共振周波数の測定から表皮効果による補正値を求めることができ、その大きさは3〜5 km/sである。したがって、注意すれば表皮効果による誤差はかなり小さくすることができる。空洞共振器と測定回路の結合も共振周波数をずらすので、誤差になるが、これも検査して小さくすることができる。

こうして改良した空洞共振器で測定精度を高めた実験から、一九五〇年にエッセンは$c=299\ 792.5\pm1.0$ km/sを得た。米国でも、W・W・ハンセンとK・ボルが同じころに空洞共振器による光速度測定を行なっている。彼らは、精密につくった三本のスペーサーで円筒形空洞の両端面を支持する共振器を使って、一九五〇年に$c=299\ 789.3\pm0.7$ km/sを得た。

レーダー法

米国空軍では一九四七年からカリブ海地方の四七か所のショーラン[*6]というレーダーで光速度の精密測定をした。G・L・アスラクソンはその結果を整理し、空気の屈折率による電波速度の遅れを

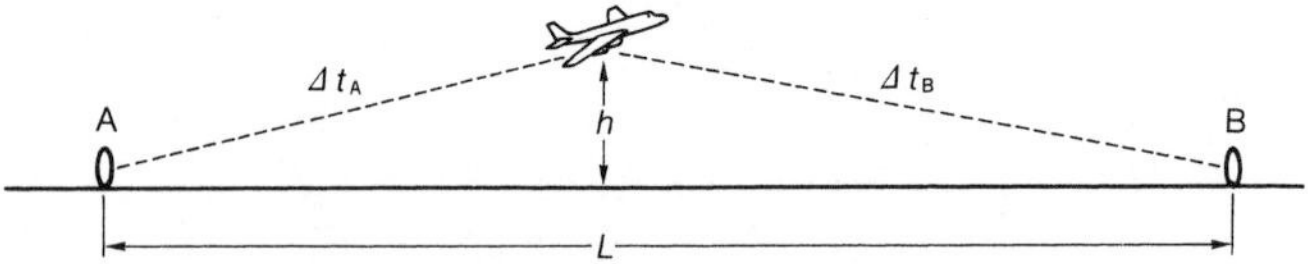

▲図5　レーダーによる光速度測定の原理
2つのショーラン・レーダー局A，Bから発射したパルス電波の伝播時間Δt_A，Δt_Bを測定して，AB間の距離Lから光速度を求める．

補正した光速度の値として一九四九年に$c=299\ 792.4\pm2.4$ km/sを得た。レーダー法による光速度測定の原理は、図5から明らかであろう。一九五〇年には、フロリダ地方での測定から$c=299\ 794.2\pm1.4$ km/sが得られている。

米国とカナダでも、一九四九〜一九五三年にショーランによる光速度の測定が行われ、二つのショーラン局を受信する航空機の高さと速さの影響、機器の固有誤差、空気の屈折率の誤差、局間距離の測量誤差などを検討した結果が報告されている。これらも上述のエッセンやアスラクソンらの値と誤差の範囲内で一致する結果を得ているが、詳細は省略する。ただし、大気中のマイクロ波の速度は可視光よりも水蒸気の影響が大きいので、レーダー法はこの点では光学的測定より劣っていることを注意しておく。

マイクロ波干渉計の方法

光と違ってマイクロ波の周波数は、水晶時計すなわち精密周波数標準を基準にしてエレクトロニクスの周波数カウンターで八桁まで容易に測れるようになった。そこでマイクロ波干渉計をつくって波長λを精密に測定すれば、周波数fから、光速度

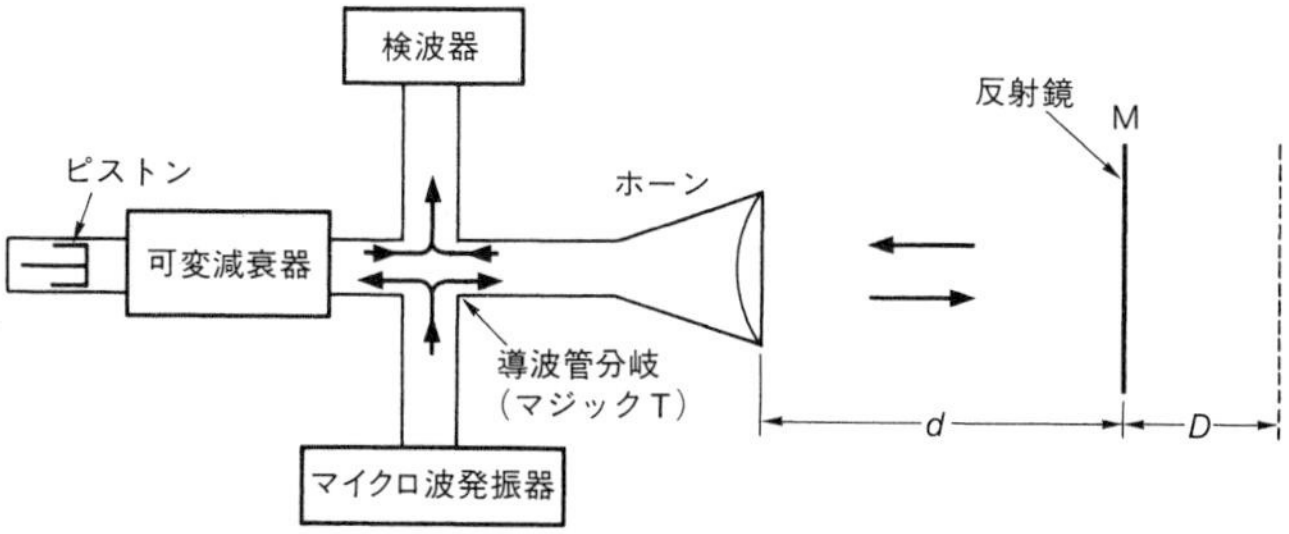

▲図6　マイクロ波干渉計
光波のマイケルソン干渉計に相当し，ハーフミラーの代わりにマジックTという導波管分岐が用いられている．

$$c=f\lambda$$

を精密に求めることができる。

英国のK・D・フルームは、周波数二四ギガヘルツ、波長一・二五センチメートルのマイクロ波で図6のような干渉計をつくって実験した。反射板は一辺が十五センチメートル、二三センチメートル、三〇センチメートルの正方形の三種類をつくって、回折による誤差を補正するようにした。反射板の移動距離はブロックゲージを使って±3 μmの精度で測定し、気圧も気温も湿度も詳しく測定して空気の屈折率の補正を入れ、一九五一年にc＝299 792.6±0.7 km/sを得た。

その後フルームは、さらに測定精度を上げるために波長四ミリメートルで、概略を図7に示す干渉計をつくり、二つのホーンの間のミリ波の定常波の中で検出器を八メートルにわたって移動させて波長を精密に測った。その結果に対して統計的誤差も系統的誤差も十分に検討して、光速度の値として一九五八年にc＝299 792.50±0.10 km/sという値を報告した[5]。これは、これまでにない高精度で、信頼性が高いと認められた。なお、ここに与えられた±0.1 km/sという誤差は、確率誤差ではな

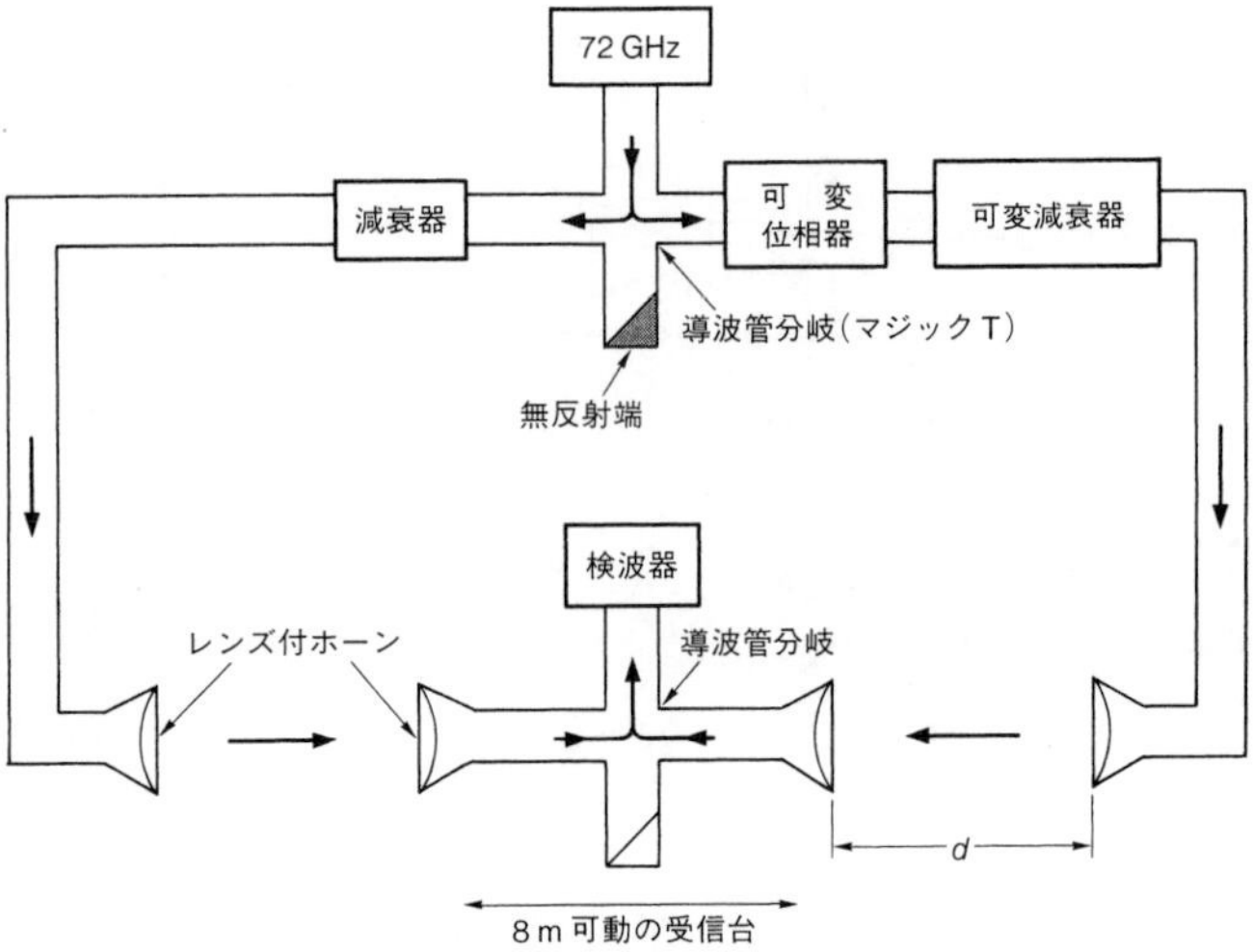

▲図7　フルームの光速度測定
波長 4 mm，周波数 72 GHz のミリ波は周波数安定化クライストロンの 36 GHz 出力の第 2 高調波をつくって用いた．受信台を平行移動して d を 6〜14 m 変え，向き合った 2 つのホーンの間の定常波を測定した．

くて標準偏差である。

その他、米国ではフローマンが超短波（一七二・八メガヘルツ）、ロシアではシムキンがミリ波（三五ギガヘルツ）の干渉計を使って光速度を測定している。それらとともに、電波技術を利用してこれまでに求められた光速度の主な測定値を表2に示す。[6]

ジオディメーター法

これは、カーセルによる光速度測定とまったく同じ原理である。高周波で強度変調された光を送り出し、反射光の変調波の位相を数百分の一波長の精度で読み取る測量器械がスウェーデンで開発され、ジオディメーター（geodimeter）とよばれている。スウェーデンのE・ベルグストランドはこれを使って三角測量の基線長を測定して、一九四九年以来、光速度を求めている。その後、米国、英国でもジオディメーターによる光速度の測定が行われているので、それらの主な測定値も表2に入れておく。

そのほかの方法

波長三センチメートルまたは八・六ミリメートルのマイクロ波をラジオ波で変調して、精密に距離を測定するテルロメーターという測量機械を使った光速度の測定もある。

またカロールスらは一九六四年に、十九メガヘルツの超音波で変調した光で基線の長さを測定して光速度を求めた。その後五〇回ずつの測定を数百回も繰り返し、基線の長さの精密測定もやり直して、一九六七年に最終的に $c=299\ 792.47\pm0.15$ km/s を得た。

光速度の測定値と誤差

光速度は多くの基礎定数の中でも、もっとも重要な定数であるから、たえずより精密な測定が試みられてきた。とくに地上の実験で測定されるようになってからは、表1と表2でわかるように、最初は三桁の測定値であったが、百二十年後には八桁の測定値が与えられるようになった。そして、測定値につけられた誤差を見ると、年々測定精度が高められたことがよくわかる。光速度の測定は物理計測の最先端であった。

ところで、一九五〇年ころまでは、測定誤差は確率誤差（probable error）で表すのが普通であ

▼表２　電波技術による光速度の測定値とその標準偏差
誤差は統計的誤差と系統的誤差を含む標準偏差を表すが，＊には系統的誤差は含まれていない。

年	測　定　者	測　定　法	測定値（km/s）
1948	エッセンら	固定長共振器	299 792±4.5
1949	アスラクソン	レーダー	299 792.4±3.6
1950	エッセン	可変長共振器	299 792.5±1.5
	ハンセン・ボル	固定長共振器	299 789.3±1.0
1951	アスラクソン	レーダー	299 794.2±2.8
1952	フルーム	マイクロ波干渉計	299 792.6±0.7
1954	フルーム	マイクロ波干渉計	299 792.75±0.30
1955	プライラーら	赤外回転スペクトル	299 792±6
	フローマン	電波干渉計	299 795.1±1.5
1958	フルーム	マイクロ波干渉計	299 792.50±0.10
1950-1962	ベルグストランドら	ジオディメーター	299 792.6±0.25
1965	コリバエフ	ジオディメーター	299 792.6±0.06*
1967	グロッセ	ジオディメーター	299 792.5±0.05*
	ジムキン	マイクロ波干渉計	299 792.56±0.11
1969	カロールスら	超音波変調	299 792.47±0.15

ったが、一九六〇年ころからは標準偏差(standard deviation)で表すようになったので、表1はそれぞれの測定者が与えた確率誤差を示し、表2では、測定者が確率誤差で発表した値も一・四八倍して標準偏差に直してある。測定値がガウス分布するとき、その五〇パーセントが確率誤差の範囲内に含まれ、五〇パーセントはその範囲外にある。しかし実際の多数の測定値の分布はガウス分布にならないことが多く、それでもガウス分布を仮定した誤差論から確率誤差を出すことが疑問視されるようになった。そこで、測定値の偏差の二乗平均根である標準偏差が推奨されるようになったのである。また、誤差にはランダムに生じる統計的誤差と、装置や測定法に付随する系統的誤差があり、表1と表2に示す誤差は測定者が推定した系統的誤差を含んでいるが、含まないで統計的誤差だけの

数値もある。

光学的実験で測定された光速度の中では一九二六年のマイケルソンの測定値299 796±4 km/sがもっとも高精度である。しかし前述のように、マイケルソンが与えた誤差は小さすぎる、とくに系統誤差は過小評価されているといわれた。そのため、表1の一九二八年以後の測定値の方が誤差は大きいが信頼度が高いとみなされ、一九三〇年ごろから一九五〇年代まで、マイケルソンの一九二六年の測定値よりその誤差の五倍も小さい299 774〜777 km/sという値が国際的に採用された。

ところが一九五〇年代には電波技術によるいっそう精密な測定が可能になって、表2のように大部分の測定値は299 792〜793 km/sに集中したので、一九五〇年代の後半からは299 792.5 km/sが国際的に採用されるようになった。そこで表1の数値を見直すと、与えられている誤差が確率誤差であるから、表1のすべての測定値は新しい値299 792.5 km/sと許容誤差範囲内で一致しているとみなすことができる。一九三〇年以後の測定を重視し過ぎたのが誤りであったといえよう。

誤差の数値として標準偏差を使えば、表1の光速度の測定値はほとんどすべて新しい採用値の許容範囲に入る。ガウス分布では標準偏差の中に入る確率は約六八パーセントであるが、標準偏差の三倍を誤差とすれば九九・七パーセントが誤差範囲に入る。そこで一九六〇年ころからは、誤差の表示を標準偏差の三倍にすることも推奨されるようになった。しかし、いつからどのように、と強制されたものではないので、精密測定の文献をみるときには、つねに、著者がどのような誤差の表現を採用しているか留意しなければならない。系統的誤差を含むか含まないか、含むとしてもどの範囲の系統的誤差が考慮されているか吟味する必要がある。

参考文献

（1）ガリレオ・ガリレイ（今野武雄、日出節次訳）：新科学対話、岩波文庫（岩波書店、一九三七）七三―七四ページ。

（2）O. Roemer : J. de Sav, 223 (1676).

（3）J. Bradley : Phil. Trans. **35**, 638 (1728).

（4）K. D. Froome and L. Essen : "*The Velocity of Light and Radio Waves*", Academic Press. London (1969) 参照。

（5）K. D. Froome : Proc. Roy. Soc. (London), A**247** (1958) 109.

（6）B. N. Taylor *et al.* : Rev. Mod. Phys. **41**, 375 (1969).

補注

＊1　ガリレイがこれを実験したのは一六〇七年だったということである。

＊2　以後、光の速さと光速度とを同じ意味に用いる。

＊3　位相速度でなく群速度に対する補正が必要である。

＊4　ニトロベンゾールなどの液体に強い電場をかけると、液体は複屈折性になる。これが一八七五年に発見されたカー効果である。二枚の偏光板の間にカー効果をもつ液体を入れたセルを置くと、これにかける電場によって透過光の強度を変調することができる。

＊5　国際学術連合会議（ＩＣＳＵ）および国際電波科学連合（ＵＲＳＩ）の採用値。

＊6　shoran は short range navigation の略語であって、数百キロメートル間隔の固定局から同期したマイクロ波パルスを発射し、航空機は受信パルスの時間差からその位置を知るようにしたレーダー装置。

6章　レーザーによる光速度測定とメートルの定義

光の速さはどこまで精密に測れるか?

ニュートンの時代にも、マクスウェルの時代にも、光の速さは好奇心の対象でしかなかった。ところが二十世紀の現代物理学では、光の速さcはもっとも重要な基礎定数となっている。このことは、量子力学や原子物理学の多くの公式にcが含まれていることからも明らかである。現代の天文学も地学も、ますます精密な光速度の値を必要としている。このような背景のもとで、前章で述べたように、より精密な光速度を求めて、幾多の努力が積み重ねられてきた。測定法を改良し、測定技術を高めれば、いくらでも精密に測定できるだろうか?

光の速さは、光が進む距離と時間を測ることによって求められる。距離を測定するのは、その距離が長さの単位の何倍であるかを決めることである。したがって、長さの単位が不確かならば、どんなに工夫しても測定値はそれだけ不確かになる。メートル法以前は、各地の支配者がそれぞれ貨幣や度量衡を決めていたので、長さの単位も不統一で不正確だった。その差は、少なくとも千分の一以上あったと推定される。通商と近代科学の発達により国際的単位を決めることが必要になって、メートル条約が一八七五年に締結され、一八八九年の第一回国際度量衡総会で加盟国にメートル原器が配布された。

時間の測定についても同様で、十六世紀から十七世紀にかけて外洋航海が盛んになり、陸の見えない海上で経度を知るために精度のよい時計が求められていた。一七六一年、J・ハリソンのつくった船用時計は、六週間の航海で五〜六秒の狂いしかなかった。これは経度にして約一分の狂い、相対誤差として$1.4 \sim 1.7 \times 10^{-6}$という高精度である。そして十九世紀後半には、一日の狂いが〇・〇一秒程度の時計もできて、時間の精度はほぼ10^{-7}に達し、メートル原器の精度を上回っていた。さらに一九三〇年代には水晶時計が発明されて、やがて振り子式天文時計の精度を超え、一九四〇年ころには10^{-8}程度の精度に達していた。

メートル原器は、白金イリジウム合金のX形断面の棒につけられた二本の刻線の間の距離を一メートルとしている。この刻線を顕微鏡で読み取るのにおよそ〇・二マイクロメートルの不確かさがあるので、相対精度は、およそ2×10^{-7}である。したがって、光速度でも何でもいくら精密に測ろうとしても、これ以上の精度にはできない。それに、人工の原器の長さには経年変化があるし、戦争や天災で破壊されるおそれもある。

再現可能で精度の高いスペクトル線の波長を長さの標準にすることを最初に提案したのは、一八二九年J・バビネであった。[1] マイケルソンは最初ナトリウムを候補にしたが、ついにカドミウムが最上であることを見いだした。[2] そして、世界各国の共同研究の末、一九二七年の第七回国際度量衡総会で国際オングストロームが次のように制定された。

国際オングストロームは、セ氏十五度、一気圧の乾燥空気中におけるカドミウム赤線の波長の1/6438.4696とする

これは、ほとんど10^{-10}メートルに等しい長さである。

その後、同位体のスペクトル線の研究が進められ、一九六〇年の第十一回国際度量衡総会で、メートルの定義は波長六〇五・八ナノメートルのクリプトン八六のスペクトル線を採用して、

メートルは、クリプトン八六原子の$2p_{10}$と$5d_5$の間の遷移に対応する放射の、真空中における波長の1 650 763.73倍に等しい長さである

と改訂され、メートル原器による定義は廃止された。

一方、時間の単位については、一九六四年の第十二回国際度量衡総会で暫定的にセシウム原子周波数標準が採択され、一九六七年第十三回国際度量衡総会で

秒は、セシウム一三三原子の基底状態の二つの超微細準位の間の遷移に対応する放射の9 192 631 770周期の継続時間である

と決議された。

レーザー周波数の測定

ミリ波の周波数fと波長λを精密に測定して、一九五八年フルームが光速度のもっとも精密な値として$c=f\lambda=299\ 792.50\pm0.10$ km/sを得たことは前章に述べた。この実験では周波数は十分高精度で測定されたけれども、波長測定の精度が不十分であった。光速度の±0.10 km/sの精度は、波長四ミリメートルの定常波を八メートルの距離で一五〇分の一波長まで測定したことに相当する。波長が短いほど回折による誤差も小さく、可視光のスペクトル線の波長ならばクリプトンの六〇五・八ナノメートルのスペクトル線を基準にして、十分精密に測定することができる。しかし、光の周波数を測定することができるだろうか？

一九六〇年に連続発振レーザーをA・ジャバンが発明したとき、レーザー光がスペクトル幅の狭い単色光であることはすぐに認められたが、二台のレーザーの光を混合してもきれいなビートは観測されなかった。ビートをスピーカーに入れるとガガッと鳴り、スペクトル分析器で見ると雑音的スペクトルが流れている。レーザーは単色光といってもやはり光だから、振幅は不規則に変動しているのが当然だと考える人が多かった。

しかし彼は、安定度の高いレーザーをつくって静かな地下の分光実験室で発振させておくと、周波数はドリフトするけれども、二台のレーザーの間のビートが純音状になることを一九六三年に実証した。レーザー光の電場が雑音状でなくて正弦波状に変化しているなら、原理的にはその周波数を数えられるはずであるが、当時市販されていた周波数測定器の最高周波数は数十ギガヘルツ程度であって、光の周波数はそれより四桁も高い。

一九六四年に遠赤外レーザーのパルス発振、一九六六年には連続発振が実現したので、周波数測定の可能性が出てきた。一九六七年にMIT[*1]のジャバンらは図1のような裸のシリコンダイオードをミクサーに使って、HCNレーザーの三三七マイクロメートル発振線などの周波数の絶対測定[*2]に成功した[(3)]。それは高調波混合とよばれる方法であって、レーザーの出力とミリ波クライストロンの出力を一つのシリコンダイオードに入れて、ビート周波数を検出する。レーザーの周波数をf、クライストロンの周波数をf_Kとしたとき、n次高調波とのビート周波数は

$$f_B = f - n f_K$$

となる。これが周波数カウンターで測れるくらいの低い周波数になるように、クライストロンの周波数を選ぶ。三三七マイクロメートルのHCNレーザーの測定では、四ミリメートル（七五ギガヘルツ）のクライストロンを用い、$n=12$でビート周波数f_Bとクライストロンの周波数f_Kを測定して、レーザーの周波数fを求めた。

　ジャバンはレーザーによる光速度の精密測定を計画していたので、筆者は理研でちょうどそのとき実験していたD_2Oレーザーの八四・三マイクロメートルの

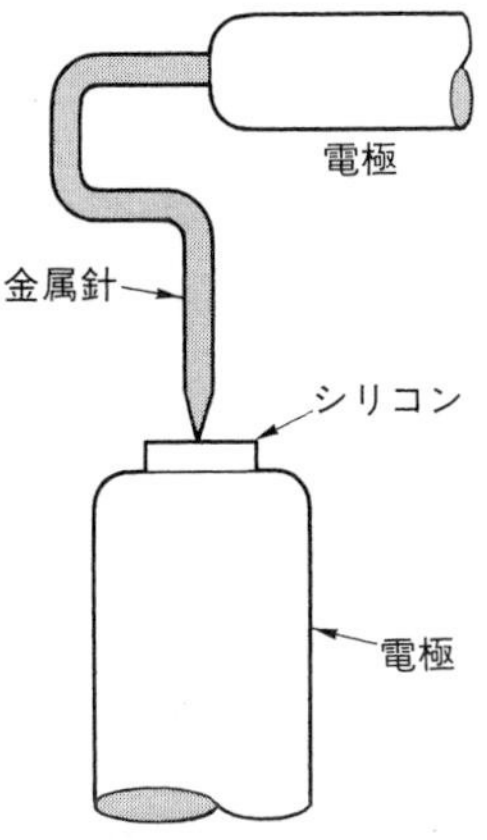

▲図1　小型点接触シリコンダイオード
金属針の長さは2〜3 mm，シリコン片の大きさは1 mmくらいのもの．

▲図2　遠赤外レーザーによる光速度測定装置
右側の太いガラス管は遠赤外レーザーの一部．左側の金属円筒は真空中の波長を測定するための干渉計を入れた真空容器．

発振線[4]を提案した。[*3] その周波数はHCNの三三七マイクロメートルの四倍の周波数に近いので周波数の精密測定に有利であり、波長もかなり短いのでクリプトン線の波長との比較測定も精密にできるからである。HCNレーザーの三三七マイクロメートルの第四高調波とのビートは約五・九ギガヘルツになり、この測定値と既知のHCNレーザーの周波数値から、八四マイクロメートルレーザーの周波数は3 557 143±2 MHzとなった。そこで、暫定的な波長測定値を用いて、レーザーによる光速度の最初の測定値 $c=299\ 792.7\pm2.0$ km/sが得られた[5]。図2はその実験装置である。引き続き彼らは一一八マイクロメートルのH_2Oレーザーで測定し、$c=299\ 792.2\pm0.6$ km/sを得た[6]。これらの測定では波長測定の精度が周波数測定よりずっと悪いので、波長測定の精度を上げればすぐに光速度の精度が上がる。しかし、特別に製作したシリコンダイオードを使っても、周波数が測定できるのはこの辺が最高周波数であった。

ダイオードの応答時間 τ は、点接触の電気容量を C、接触点の広がり抵抗を R とすると、$\tau = CR$ で決まる。広がり抵抗というのは、接触点から半導体の中に流れる電流が図3のように広がるので、接触点付近で電流密度が高くなって電流が流れにくくなる電気抵抗である。半導体の電気伝導率を σ、接触点の半径を a とすると、広がり抵抗はおよそ $R = (2\pi\sigma a)^{-1}$ になる。

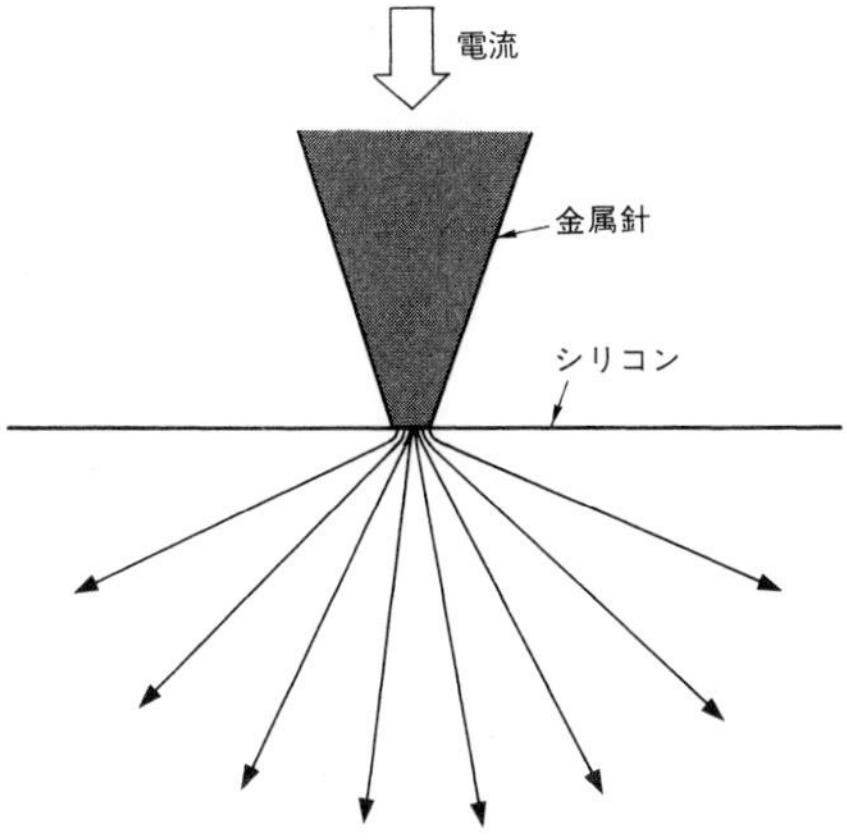

▲図3　接触点のまわりの電流分布

応答時間を短くして、より高周波まで検波（周波数混合）するには、C と R を小さくしなければならない。接触点をなるべく鋭くすれば、接触面積に比例して C が小さくなりそうだが、金属針の側面と半導体の表面との間の分布容量があるので、a をいくら小さくしても C はある程度以下にはならない。それに、a に反比例して抵抗 R が大きくなってしまう。マイクロ波用のシリコンダイオードは電気伝導率の高いシリコンを使ってなるべく R を小さくしているが、$C = 10^{-13}$ F，$R = 30\ \Omega$ 程度以上あるので、応答時間は少なくとも

$\tau = 3\times10^{-12}$s となる。したがって、$1/(2\pi\tau) = 53$ GHz 以上の周波数では、感度がほぼ波長の二乗に比例して下がる。波長六ミリメートルに比べて、〇・六ミリメートルでは一〇〇分の一、六〇マイクロメートルでは一万分の一ということになる。

シリコンダイオードではこれが限度であるが、もっと電気伝導度の高い材料でダイオードをつくれば、もっと短波長まで使える可能性がある。金属なら半導体よりずっと電気伝導度が高いが、金属の点接触で整流作用があるだろうか？ 折しも一九六六年、あまり感度はよくないが、金属の点接触ダイオードがマイクロ波を検出することが見いだされた。そうすると、サブミリ波や赤外では、シリコンより金属の方が感度のよいダイオードになるだろう。こう考えて、ジャバンは図1のシリコンをニッケルなどに代え、非常に細いタングステンの針を接触させたダイオードをつくり、一九六八年、波長一〇マイクロメートルの赤外レーザーの周波数混合に成功した[7]。

そこで、すでに周波数の測定されている遠赤外レーザーと高調波混合することにより、一九六九年に波長九・三マイクロメートルまでCO_2レーザーの周波数を絶対測定することができた。タングステン線の先を電解研磨して、先端を〇・一マイクロメートルくらいまで尖らせると、可視光までいくらかの検波感度をもつダイオードができることもあるが、不安定で寿命が短くて使いものにならない。

レーザーによる光速度の精密測定

高調波混合では、高調波の次数nが大きいほど信号が弱くなるので、短波長レーザーの周波数を

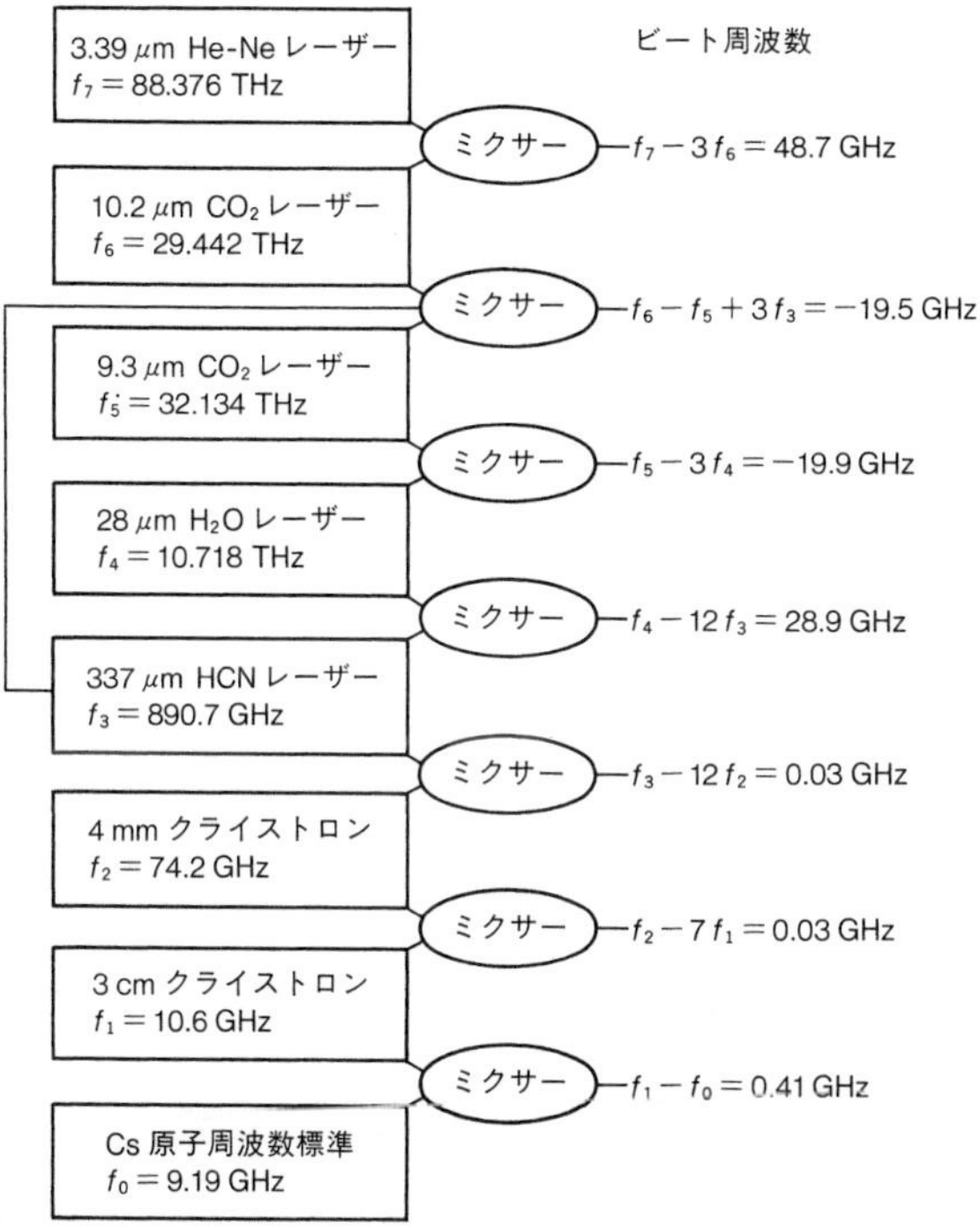

▲図 4　イーブンソンらが 3.39 μm のレーザー周波数測定に用いた周波数チェーン

Cs 原子周波数標準と 3.39 μm のメタン安定化 He-Ne レーザーとは，周波数が 10^4 倍も異なるので，6 台の中間発振器を用い，それぞれ高調波混合してマイクロ波周波数のビートをつくる．それぞれの中間発振器には必要な周波数制御を加え，ビート周波数は周波数カウンターで測定して，最終的な 3.39 μm レーザーの周波数を求める．

測定するには、数倍ずつ周波数の高いレーザーをいくつか仲介にする。そして精密測定では、最終のレーザーだけでなくすべての中間のレーザーも周波数が安定でなければならない。スペクトル幅が狭くて単色性のよいレーザーも中心周波数は不安定なので、安定な分子または原子の吸収スペクトルを利用して安定化するのである。[8] NBS[*4]のK・M・イーブンソンらは、MITのレーザー周波数測定技術を引き継いで図4の周波数チェーンをつくり、一九七〇年、九ギガヘルツのセシウム周波数を基準にして三・三九マイクロメートルのメタン安定化レーザーの周波数を測定した。次に、メタン安定化レーザーの波長をクリプトン八六の標準波長と比較測定して、一九七一年、光速度の値として $c=299\ 792.67\pm0.20$ km/s を得た。[9]

ところが、標準クリプトンランプのスペクトル線の形は非対称なので、精密に波長を測定するとき、スペクトル線の重心を基準にするのと最大強度の所を基準にするのとはわずかに相違することがわかり、一九七三年、それぞれを基準にしたときの光速度が測定された。[13] これらの測定値およびその他の光速度の測定値を表1にまとめ、詳細は参考文献(10)〜(18)に譲ることにする。

周波数安定化レーザーの周波数 f は 10^{-10} 以上の精度で、セシウム周波数標準に対して、すなわち秒の定義に基づいて測定できるようになった。そしてその波長 λ は、長さを定義しているクリプトン線の波長を基準にして測定されたが、その精度はクリプトン線のスペクトル幅と形状などによる不確かさがおよそ $\pm4\times10^{-9}$ あることによって制限されている。したがって、光速度 $c=f\lambda$ の測定値の精度は、メートルの定義の不確かさを越えることができない。しかし、レーザーの周波数測定や波長の相対測定では、これより二桁以上も精密な測定ができる。

メートルの定義を変える

はじめに述べたように、長さの単位（メートル）も時間の単位（秒）も原子標準で定義されているので、原理的には問題がないように見える。一九六〇年にクリプトン八六でメートルを定義したとき、その不確かさは$\pm 1\times10^{-8}$と推定されたが、長さの測定では10^{-7}以上の精度のものはなかった。ところがレーザーの進歩によって、十年後の一九七〇年には、10^{-10}、10^{-11}あるいは10^{-12}の精度の測定が干渉計測その他の精密測定で実現されるようになった。

たとえば、月面反射鏡までの距離をレーザーレーダーで測定するとき、距離分解能は数センチメートル、多数回の測定値を統計処理すればプラスマイナス一センチメートルまで測れる。しかし、メートルの単位に4×10^{-9}の不確かさがあって、光速度もそれだけ不確定ならば、月面反射鏡までの距離はプラスマイナス一・六メートルも不確定になる。それに光速度はもっとも重要な基礎定数であるから、なんとかしなければならない。

国際度量衡委員会にはメートルの定義に関する諮問委員会（CCDM）*5があって、クリプトン線の波長による一九六〇年のメートルの定義を改訂するための審議を一九六九年から始めた。メートルのような基本単位の定義を変更するまでには、理論的にも、実験的にも、また波及効果の予想も、国際的に十分に時間をかけて検討する必要がある。一方、結論が出るまでそのままにしておくと、測定技術がいくら進歩しても、長さや光速度の入った測定の精度はこれ以上には上がらない。そこで、メートルの定義を変更するまで、暫定的に光速度の値を協定して使うのがよかろうという

▼表1　レーザーによる光速度の測定値

*standard uncertainty　#クリプトン 86 の波長標準の不確かさを含まない。

発表年	測定者(第1著者)	スペクトル線	光速度 km/s	不確かさ* (標準偏差) km/s	備考
1969	Hocker ら[5)]	84 μm D_2O	299 792.7	2.0	
同	Daneu ら[6)]	118 μm H_2O	299 792.2	0.6	
1972	Evenson ら[9)]	3.39 μm メタン	299 792.67	0.20	
同	Bay ら[10)]	633 nm He-Ne	299 792.462	0.018	2周波数法
同	Baird ら[11)]	9～10 μm CO_2	299 792.460	0.006	633 nm との差周波数の波長測定
1973	Evenson ら[12,13)]	3.39 μm メタン	299 792.4562	0.0011	Kr 線の重心基準
同	Barger ら[13)]		.4587	0.0011	Kr 線の最大基準
同	Baird ら[14)]	3.39 μm メタン	299 792.458	0.002	
1974	Blaney ら[15)]	9.32 μm CO_2	299 792.4590	0.0008 #	
1977	Monchalin ら[16)]	9.31 μm CO_2	299 792.4576	0.0022	
1978	Woods ら[17)]	9.32 μm CO_2	299 792.4588	0.0002 #	
1987	Jennings ら[18)]	633 nm, 576 nm I_2	299 792.4586	0.0003 #	

ことになった。そのため、表1にある一九七三年までの測定値と未発表の各国の測定値を審議して、一九七三年六月のCCDMで、光速度の暫定値として $c = 299\ 792\ 458$ m/s を採用し、将来メートルの定義を書き換えるときに、予想外の事態がない限りこの値を変更しないことを申し合わせた。

この結論は、国際度量衡総会、国際電波科学連合、国際天文学連合その他でも承認され、実施された。その後の光速度の測定値も、表1でわかるようにクリプトンランプの波長の不確かさの範囲内でこの暫定値に一致している。では、メートルの定義をどのように改訂するのがよいだろうか？　次に述べるようないくつかの方法が提案され、検討された。

▼安定化レーザーの波長を長さの標準にする

クリプトンランプの波長より安定で再現性の高い安定化レーザーの波長を選んで、それを基準にしてメートルを定義するのは、これまでの改訂方針と同様である。たとえば、メタンの吸収スペクトルで安定化した三・三九マイクロメートルのレーザーを基準にすれば、クリプトンよりたぶん二桁くらい不確かさは小さくなるだろう。しかしそれにはまず、安定化の方法はどのようにするか、吸収セルとレーザー管の太さ、長さ、ガス圧、温度、ガスの純度、その他の仕様の最適値と許容範囲を研究し、その上でメタンがよいかヨウ素分子がよいか、どの波長がよいかを決めなければならない。

クリプトンランプでも、管径、温度、圧力、電流密度など細かく規定されていたが、安定化レーザーでは規定すべきパラメーターがずっと多い。これらの仕様を国際的に合意できるまで研究し協定するのには、非常に手間も時間もかかる。そして将来、それよりもっとよい光源が見つかったら、また改訂しなければならない。したがって、この改訂法はあまり賢明ではない。

▼光速度を基本単位にする

これまでは力学的物理量についての基本量は長さと質量と時間であって、速度は（長さ）/（時間）で与えられている。長さの代わりに速度を基本量とし、長さは（速度）×（時間）で与え、速度の単位をcとする案である。相対性理論によれば、互いに運動している座標系の間では長さも時間も共通でないが、光速度は共通不変であることはよく知られている。だが、理論的には理想的と思われるこの案は、とても実行できないだろう。

隣の町まで、歩いて何時間、車で何分、という距離は（速度）×（時間）で考えることができる。しかし、身長や帽子のサイズなどは運動を伴わない長さの概念であって、このような基本概念を覆すのは混乱のもとである。子供に、長さより先に速度を教えられるだろうか？　それに、速度の基本単位が大きすぎて、人の歩く速さが一億分のcとか十ナノcになるのは不便である。やはり基本単位の概念と大きさは、日常生活や社会活動になじむものでなければ無理である。

▼光速度の値を定義し、メートルは実質的に不変にする

光速度の値を正確な定数として約束すれば、長さの測定精度の限界は時間の測定精度（現状では10^{-13}〜10^{-14}と同じになり、およそ五桁も高くなる。時間の単位が地球の自転速度で定義されていた一九六四年以前は、南極の氷が解けたり潮汐の摩擦があったりして地球の自転速度が変わると、同じ割合で光速度が変わることになっていた。原子周波数標準、いわゆる原子時計が秒の定義に採用されてからは、このような不合理はなくなった。もちろん、原子時も光速度も絶対に永久不変かどうかわからない。一般相対性理論によれば、原子時も光速度も重力によって変わる。しかし、地球上でその変化は、現在の光速度測定の精度よりはるかに小さくて当分問題にならないし、もし必要ならその変化は計算して補正することができる。

その他、地球や天球に対する方向による光速度の差異も、波長による光速度の差異も、あるいは長期にわたる経年変化も、これまで実験室でも天文観測でも検出されていない。もしも小さな変化がありうるとしても、基本単位は光速度が一定不変になるように定めておいて、それからのずれを研究する方が便利である。いろいろの物理定数や物質定数の精密測定にも、天文学や測地学の研究にも、光速度が一定不変であると約束する方が都合がよい。

光の速さを基準にして、基本単位のメートルを定義するのにも、いろいろの案が出された。

第一案　メートルは、299 792 458 ヘルツの周波数をもつ平面電磁波の真空中の波長に等しい長さとする。

第二案　メートルは、セシウム原子の基底状態の二つの超微細準位の間の遷移に対応する放射の真空中の波長の（9 192 631 770/299 792 458）倍に等しい長さとする。

第三案　メートルは、平面電磁波が真空中を（1/299 792 458）秒間に進む距離に等しい長さとする。

第四案　メートルは、周波数が f ヘルツの平面電磁波の真空中における波長の（f/299 792 458）倍に等しい長さとする。

これらの案が表現の違いだけでなく、実質的に、また概念上でどう違うかは、読者のご賢察に委ねよう。

メートルの新しい定義

メートルの定義は、なるべく簡潔明確で一般の人々に理解しやすいものが望ましい。そして専門家にとって、測定の過程や前提条件などについて、疑問の余地を残してはならない。さらに、これまでの単位系やデータベースに及ぼす影響なども考慮して、提案の優劣得失が十分に審議された。そして一九八二年のＣＣＤＭで第三案に近い次の結論に達し、一九八三年十月の第十七回国際度量衡総会ではこれを採択して公表した。

メートルは、一秒の 1/299 792 458 の時間に光が真空中を伝わる行程の長さである。

この採用によって、従来のクリプトン八六に基づく定義は廃止された。そしてメートルを実現する方法として、メタン安定化レーザー（三・三九マイクロメートル）、ヨウ素安定化レーザー（六三三ナノメートル、六一二ナノメートル、五七六ナノメートル、五一五ナノメートル）、クリプトンランプ（六〇五・八ナノメートル）の使用基準と、推定される不確かさとを付則で発表した。これらは一九九二年のCCDMで改訂され、さらにカルシウム四〇（六五七ナノメートル）、ヨウ素安定化レーザー（六四〇ナノメートル、五四三ナノメートル）が追加された。[19] その詳細は文献に譲るが、もっとも不確かさの小さいのはメタン（ν_3、P(7)線の$F_2^{(2)}$成分の磁気的超微細構造の中心線）であって、

$$f = 88\ 376\ 181\ 600.18\ \mathrm{kHz}$$

$$\lambda = 3\ 392\ 231\ 397.327\ \mathrm{fm}$$

周波数に対する標準不確かさは〇・二七キロヘルツ、相対標準不確かさ（relative standard uncertainty）は3×10^{-12}である。

メートル法の基本単位の中で、メートルは最優先の基本単位であるから、「秒」を使ってメートルを定義すべきではないという強い意見もあったが、けっきょく右のように決まった。とにかくこれからは、光速度を測定することはなくなった。これに伴って、真空の誘電率も一定不変の定数になり、電気定数とよばれている。

5章と6章では、一つの歴史的実験ではなく、一つの重要な基礎定数について多数の測定の歴史とその結論の意義を探った。三〇〇年あまりの間に光速度測定値の有効数字が、はじめの一桁から十一桁以上に達した劇的な進歩は、単に測定技術の向上によるものではなく、優れた着想や新しい概念による飛躍の積み重ねがあったからである。昔は一人の研究者が光速度を測定していたが、後年は複数の研究者によって測定が行なわれている。そして最近のレーザーによる光速度の測定は、研究室、研究所の単位で測定が行なわれた。いまでは、国際的に研究が計画され、安定化レーザーを国際的にもち回って比較するなど、国際協力が密接になっている[19]。

したがって、表1の測定者の欄には研究所名を書くのがよいと考えたが、複数の研究所の共同研究もあってまとめにくかった。それに、文献を参照するには著者名が必要になるので、第一著者を書いた。ただし、近ごろは連名の著者をアルファベット順に記すことも多いので、第一著者がその研究の代表者とは限らない。

光速度測定の歴史を概観すると、実験技術や実験法の変遷だけでなく、このような変化も見えてくる。誤差の概念や、その表現方法も、科学の進歩とともに変遷している。この連載では、実験研究者がどのように考えて新しい実験の着想を見いだしたり、工夫したりしたかを書こうとしているので、総合報告や科学史としては不備の点が少なくない。たとえば、波長測定とスペクトル光源の研究については、ほとんど省略した。その代わり、表1はこれまでの総合報告よりも完備したものである。いずれにしても、専門的な詳細は参考文献などで補っていただきたい。

参考文献

(1) J. Babinet : Ann. Chim. Phys. **40**, 177 (1829).
(2) A. A. Michelson and J. R. Benoit : Trav. Bur. Int. Poids Mes. **11**, 3 (1895).
(3) L. O. Hocker, A. Javan and D. R. Rao : Appl. Phys. Lett. **10**, 147 (1967).
(4) A. Minoh, T. Shimizu, S. Kobayashi and K. Shimoda : Jpn. J. Appl. Phys. **6**, 921 (1967).
(5) L. O. Hocker, J. G. Small and A. Javan : Phys. Lett. **29**A, 321 (1969).
(6) V. Daneu *et al.* : Phys. Lett. **29**A, 519 (1969).
(7) L. O. Hocker *et al.* : Appl. Phys. Lett. **12**, 401 (1968).
(8) 霜田光一：応用物理，**三八**巻，三〇六ページ（一九六九）。
(9) K. M. Evenson *et al.* : Appl. Phys. Lett. **20**, 133 (1972).
(10) Z. Bay, G. G. Luther and J. A. White : Phys. Rev. Lett. **29**, 189 (1972).
(11) K. M. Baird, H. D. Riccius and K. J. Siemsen : Opt. Commun. **6**, 91 (1972).
(12) K. M. Evenson *et al.* : Phys. Rev. Lett. **29**, 1346 (1972).
(13) R. L. Barger and J. L. Hall : Appl. Phys. Lett. **22**, 196 (1973).
(14) K. M. Baird, D. S. Smith and W. E. Berger : Opt. Commun. **7**, 107 (1973).
(15) T. G. Blaney *et al.* : Nature **251** 46, (1974).
(16) J. P. Monchalin *et al.* : Opt. Lett. **1**, 5 (1977).
(17) P. T. Woods, K. C. Shotton and W. R. C. Rowley : Appl. Opt. **17**, 1048 (1978).
(18) D. A. Jennings *et al.* : J. Res. NBS **92**, 11 (1987).
(19) T. J. Quinn : Metrologia **30**, 523 (1993/94).

補注

＊1　マサチューセッツ工科大学（Massachusetts Institute of Technology）.

＊2 波長を測定して周波数に換算するのでなく、一秒間の振動数を測定することを絶対周波数測定という。

＊3 筆者は一九六二年以来、レーザー周波数の安定化と周波数測定の共同研究を続けていた。

＊4 米国国立標準局（National Bureau of Standards, 現在の NIST).

＊5 Comité Consultatif pour la Définition du Mètre.

7章　マイケルソン-モーレーの実験

エーテル

一九世紀における光の研究は、T・ヤングの複スリットによる干渉実験（一八〇一）に始まり、A・J・フレネルらによる回折や干渉の実験の結果、光の波動説が有力になっていた。ことに、フーコーが水中の光速度は空気中の光速度より小さいことを一八五〇年に実験して以来、光の粒子説は影をひそめていた。しかし、波動説では、光が何の波なのか、すなわち光を伝える媒質が泣き所であった。そこで、光を伝える仮想的媒質エーテルについてのたくさんの理論と実験の研究が行なわれていた。(1)

化学物質のエーテル（エチルエーテルなど）と区別するためには、光のエーテル（luminiferous ether 光を伝搬する稀薄な物）とよんでいるが、通常は単にエーテルといっている。光が横波であることは、偏光によって明らかであるから、光を伝搬するエーテルは剛性をもっていなければならない。しかもエーテルはあらゆる空間を満たしているのに、どんな物体にも力を及ぼさないように見える。エーテルをとらえることは、できないだろうか。

マイケルソン干渉計(2)〜(5)

一八五二年、プロシャ（現在のポーランド）に生まれたマイケルソンは、二歳のとき両親に連れられて米国に移民した。アナポリスの海軍士官学校を卒業し、二か年の海上勤務の後、海軍士官学校で物理学と化学を教えていた。そして、研究費と実験設備の乏しい中で光速度の測定装置を考案し、一八七七年に当時最高の精度で光速度を測定した。S・ニューカムはマイケルソンの研究を援助し、装置を改良して、いっそう精密な光速度測定の共同研究を一八七九年ワシントンの海軍水路部で行なっていた。

マイケルソンは一八八〇年に休暇をとって二年間ヨーロッパに留学し、フランスとドイツの諸大学を訪問して光学の大家M・A・コルニュから最新の物理学を学んだ。とくにベルリン大学のヘルムホルツの講義を聞き、研究室で実験に従事した。そこは理論物理学、生理光学、熱力学などでもっとも活気にあふれた研究室であって、米国からは一八七六年にH・A・ローランドが留学しているし、ちょうどヘルツが卒業して、マクスウェルの理論を検証する構想をめぐらせている時期であった。マイケルソンは、マクスウェルが一八七九年にワシントンの海軍水路部のD・P・トッドへの手紙の中で、エーテルの中を運動する地球の上でその効果を検出しようとしても、それは小さすぎてほとんど不可能であると主張しているのを知って、エーテルの実験に意欲を燃やしていた。

一七二七年にブラッドレーが発見した光行差は、エーテルの中で太陽のまわりを公転する地球の運動によって、恒星の見かけの位置が変化する現象である、と理解されている。図1で、エーテルの中を速さcで伝わってくる恒星の光に対して垂直方向に観測者が速さvで動いていると、恒星の方向が$\beta=v/c$ラジアンだけ傾いて見える。地球の公転速度はおよそ三〇キロメートル毎秒であるから、光行差は最大$3\times10^4/3\times10^8=10^{-4}$ラジアン、すなわち約20″となり、観測値とよく一致する。

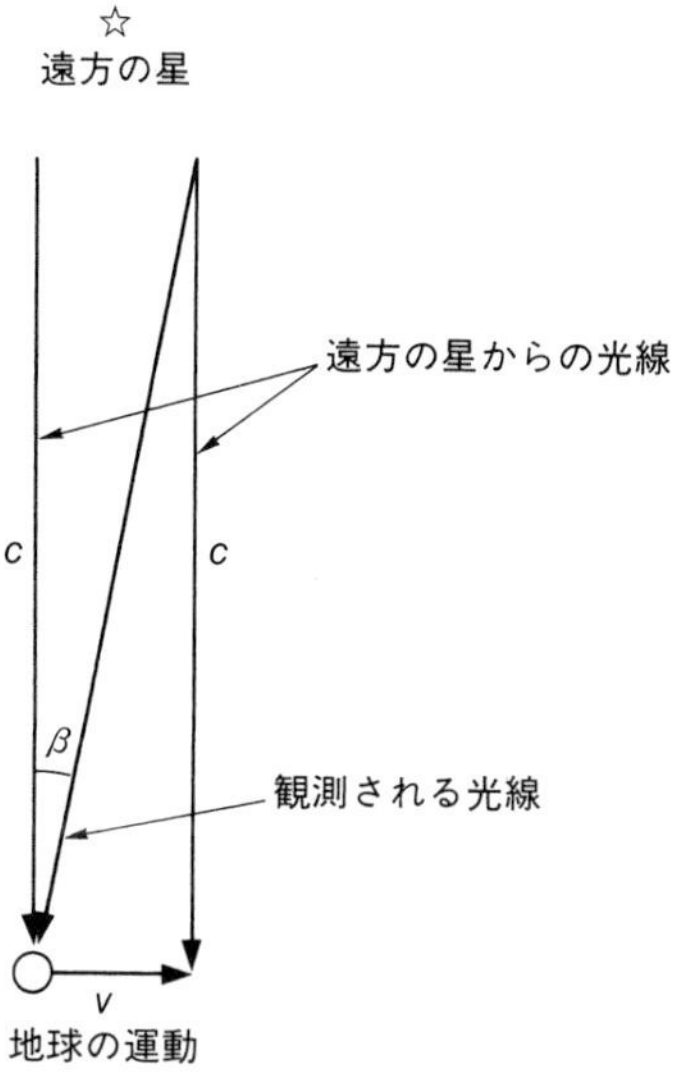

▲図1　光行差の説明
cは光速度，vは地球の運動速度，$\beta=v/c$.

地球の運動方向の正面に見える星を観測するときには、光行差はないが、観測者に対する光の速さは$c+v$になっているはずである。後方にある星の光の速さは$c-v$になって観測されるはずである。だから、これらの光の速さを精密に一万分の一以下まで測定すれば、エーテルに対する地球の運動速度の影響がわかるにちがいない。とこ

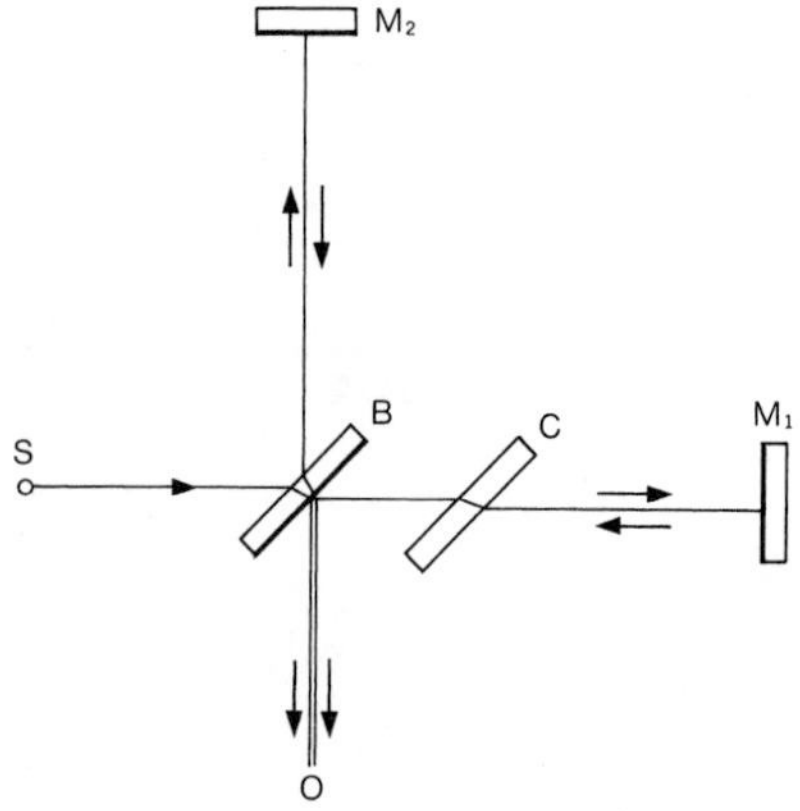

▲図2　マイケルソン干渉計
Sは光源，Bはビームスプリッター，M_1とM_2は反射鏡，Cは2つの光路のガラス中の長さを等しくするためのガラス板．

ろが、地上での光速度の測定は、いずれも光を鏡で反射させて往復時間を測っている。そうすると、エーテルに対する運動速度、すなわち観測者に対するエーテルの流速vの効果はβでなくてβ^2、つまり一万分の一でなくて一億分の一程度になる。そのころの光速度測定の精度はようやく一万分の三に達していたので、βの一次の効果ならともかく、二次の効果はちょっとやそっと精度が上がっても観測にかからない、とマクスウェルが結論していたのも当然であった。しかしマイケルソンは、エーテルの流れに平行のときと垂直のときでは光の往復時間に対する影響が異なることに気が付いた。

彼は、それを検出するための装置を考えて、後にマイケルソン干渉計とよばれている装置を考案した。それまでに光の干渉計には、フィゾーの干渉計やジャマンの干渉計が知られていたが、いずれも空間的にわずか離れた光路の光を干渉させるものであった。それに比べると、マイケルソン干渉計は光路の方向も位置も図2のように大きく離れている。光源Sからの光はビームスプリッターBで二方向に分けられ、それぞれ鏡M_1、M_2で反射されて、ビームスプリッターBに戻って重ね合わ

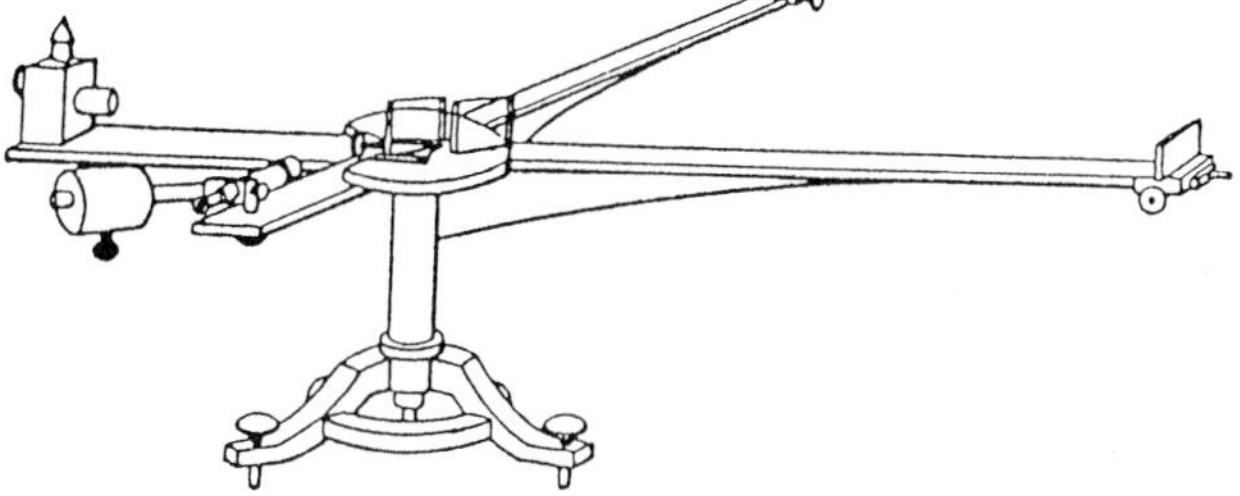

▲図3　マイケルソンがポツダムの実験に用いた干渉計

されるので干渉する。ビームスプリッターは下側の面で光を二分するので、BM_2を往復する光はBのガラスを二回透過する。そこで、これを補償するために、同じ厚さのガラスCをBとM_1の間に入れている。これがないと、安定した干渉縞は観測できないのである。

彼の計画では、まず最初に干渉計の一方の光路をエーテルの流れと平行にして、白色光源でゼロ次の干渉縞を観測する。[*1] 次に、干渉計全体を九〇度回して他方の光路をエーテルの流れと平行にする。そうすると、二つの光路の往復時間がエーテルの流れによって変わるならば干渉縞が移動するので、それを測定すればエーテルの流速が求められる、というのである。

ヘルムホルツはこの計画をくわしく聞いて、実験方法はそれでよいと思うけれども、温度を一定に保つのが困難であろう、そしてここには恒温設備がないので、米国に帰ってから実験する方がよいのではないかと忠告した。しかしマイケルソンは、装置を氷水で囲んでおけば、ほとんど一定温度にできると考えているけれども、研究費のあてがないことを手紙でニューカムに知らせた。[3] 幸いなことにニューカムの紹介で、研究費をA・G・ベル（電話の発明者）が提供してくれたので、図3の装置がベルリンでつくられた。ただし、光学的平板はパリの光学会社から取り寄せた。

　この干渉計の腕の長さは約一・二メートルあるので、これを往復する光路長は光の波長の五〇〇万倍もある。マイケルソンは最初、ナトリウムランプの単色光源を使って干渉縞を観測しようとしたが、昼間は振動のために干渉縞が乱れて見えず、真夜中の静かなときにようやく短時間だけ観測することができた。

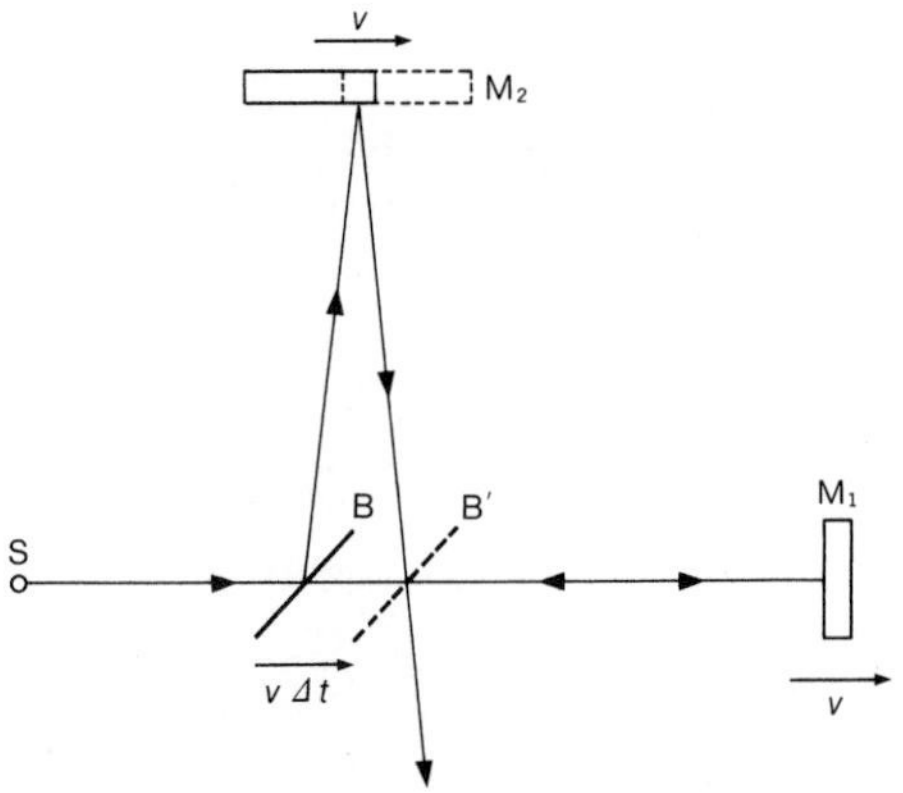

▲図4　マイケルソン-モーレーの実験の原理
光を伝えるエーテルの中を観測者が速度 v で動いていると，ビームスプリッター B から進む光が反射鏡から戻ってくるまでの時間 Δt の間に，ビームスプリッターは $v\Delta t$ だけ移動して B′ に来る．

エーテルの流速測定の原理

　図2の干渉計でエーテルの流れの効果を予測するのに、はじめマイケルソンは垂直方向の光の往復時間の計算を間違えて、二倍の見積もりをしていたが、ここでは訂正した計算をしよう。図4で装置はエーテルに対して鏡M_1の方に速さvで運動しているとし、ビームスプリッターBから鏡M_1までの距離をL_1、鏡M_2までの距離をL_2とする。鏡M_1に向かう光の速さは$c-v$になり、鏡M_1から戻ってくる光の速さは$c+v$になるので、往復時間$t_{\parallel}^{(c)}$は

$$t_{/\!/}{}^{(1)}=\frac{L_1}{c-v}+\frac{L_1}{c+v}$$

$$=\frac{2L_1}{c}\cdot\frac{1}{1-\beta^2}$$

となる。ただし$\beta=v/c$である。そして、エーテルの流れと垂直に鏡M_2に向かう光はエーテルの中ではβだけ傾いて進むので、エーテルの中で光の速さのBM_2方向の成分は$c\sqrt{1-\beta^2}$である。そこで、BM_2を往復する時間は

$$t_{\perp}{}^{(2)}=\frac{2L_2}{c}\cdot\frac{1}{\sqrt{1-\beta^2}}$$

となる。

次に装置を九〇度回転させると、M_2がエーテルの流れと平行、M_1が垂直方向になるので、BM_2の往復時間が

$$t_{/\!/}{}^{(2)}=\frac{2L_2}{c}\cdot\frac{1}{1-\beta^2}$$

となり、BM_1の往復時間が

$$t_{\perp}{}^{(1)}=\frac{2L_1}{c}\cdot\frac{1}{\sqrt{1-\beta^2}}$$

となる。

したがって、はじめにM_1とM_2から反射されてくる二つの光の時間差は$\Delta t(0)=t_{/\!/}{}^{(1)}-t_{\perp}{}^{(2)}$であり、九〇度回転したあとでは二つの光の時間差は$\Delta t(90)=t_{\perp}{}^{(1)}-t_{/\!/}{}^{(2)}$となるから、その差は

$$\Delta t(0)-\Delta t(90)=t_{/\!/}{}^{(1)}+t_{/\!/}{}^{(2)}-t_{\perp}{}^{(1)}-t_{\perp}{}^{(2)}$$

$$=\frac{2(L_1+L_2)}{c}\left(\frac{1}{1-\beta^2}-\frac{1}{\sqrt{1-\beta^2}}\right)$$

となる。いま、$L_1=L_2$であるからこれをLと書き、β^4以上の項を無視すると、

$$\Delta t(0)-\Delta t(90)=\frac{2L}{c}\beta^2$$

になることがわかる。

これによる干渉縞のずれの割合をΔsとすると、干渉縞の一フリンジ（縞の一周期）は光路差の一波長にあたるので

$$\Delta s=\frac{2L}{\lambda}\beta^2 \qquad (1)$$

である。ここに$\boldsymbol{\lambda}$は光の波長である。

ポツダムの実験

マイケルソンの図3の装置では、$L=1.2\ \mathrm{m}$である。地球の公転運動速度はおよそ30 km/sであるから、エーテルに対する速度も同じとすると$\beta^2=10^{-8}$となる。これと$\lambda=6\times10^{-7}\ \mathrm{m}$を右の式に

代入すると、干渉縞のずれは $\Delta s=0.04$ フリンジということになる。マイケルソンは誤ってこの二倍の〇・〇八フリンジを予測していたが、ベルリンでは交通による地面の震動がひどくて、とてもこのような微小な干渉縞の移動は観測できなかった。そこでヘルムホルツはポツダム天文台長に頼んで、天文台の円形の地下室にある赤道儀の台座を借りて実験するように計らってくれた。れんがの壁で囲まれた地下室は温度の変化も小さく、震動も少なくて、マイケルソンは安定した干渉縞を観測することができた。それでも一〇〇メートル離れたところで足を踏み鳴らすと、干渉縞がまったく見えなくなってしまうのだった[4]。

　彼はこのような困難の中で念入りな観測をくり返し、水平面内に干渉計の向きを四五度ずつ変えてフリンジの微小なずれを測定した。彼はエーテルの流れによる干渉縞のずれが観測できるはずであると確信していた。しかし、一八八一年四月までに測定されたフリンジのずれは予想値より小さく、しかも地球の運動方向とは無関係と見なさなければならなかった。この結果はまったく信じられないものであったが、実験は真実であるとして、彼はこれをすぐに発表した[6]。この『地球とエーテルとの相対運動』と題する論文の結論で、彼は「これらの実験結果からは、干渉縞のずれは生じなかったと判断される。したがって静止エーテルの仮説は正しくないことがわかった」と大胆にも述べている。十九世紀の科学者にとって、エーテルは仮想の媒質というより実在であったから、彼の結論はもちろん、実験そのものも容易に受け入れられなかった。

　マイケルソンは一八八一年秋にはパリに移ったが、コルニュの研究室で干渉計の実験を始めたとき、コルニュはマイケルソン干渉計で白色光の干渉縞が観測できるのを疑っていた。実際白色光で干渉縞を見るのは非常にむずかしいので、コルニュが見守っている間、何時間も調整しても干渉縞が見えなかった。とうとうコルニュは「もうこれでやめて、引き分けにしよう」といったが、彼は「もう少し待ってくれたら、きっと出して見せます」といって続けたら、急に干渉縞が現れた。コルニュは信じ難い思いであったが、すぐにガラス板を光路の一部に入れて見たら干渉縞が消えたので、よくやったね！と祝福した。これ以来、二人はいっそう深い友好を保つようになったということである。(4)

エーテルの流れを検出できなかったポツダムの実験は、レイリー卿、ケルビン卿、H・A・ローレンツらの注目するところとなったが、エーテルの理論や電子論に本質的な影響を与えるものではなかった。マイケルソン自身もこれはごく粗雑な実験で決定的なものでないことを知っていたので、いつかもっと完璧な実験をしたいと考えていた。

クリーブランドでの実験

一八八二年六月に帰国したマイケルソンは、クリーブランドに新設のケース応用科学校（Case School of Applied Science）の教授になって、まず光速度のいっそう精密な測定を行なった（5章参照）。さらに彼は水中と二硫化炭素の中の光速度を定量的に測定した。*2 水中の測定値は理論値とよく合っていたが、二硫化炭素中の測定値は理論値と一致しなかった。しかし彼は、実験値は信頼すべきだとしてそのまま測定値を発表した。すぐにこれはレイリー卿の目にとまり、それは分散媒質の中では群速度と位相速度が相違することを初めて検出した実験として評価された。

フィゾーの随伴係数の測定

一八三八年生まれのE・W・モーレー（モーレイまたはモーリーと書くこともある）は、近くの化学実験室で水素の原子量の精密測定をしていたが、その測定値は国際的最高水準のものとして高く評価されていた。マイケルソンと彼との最初の共同研究は、流水中の光速度の測定であった。ポツダムの実験が正しいとすると、静止エーテルの仮説は誤りで、エーテルは多少とも地球に引きずられて動いていることになる。すでに一八五一年にフィゾーが流水中の光速度を測っていて、その結果は静止エーテルを仮定した理論で求められたフレネルの随伴係数で説明されていた。しかし随伴係数の測定値は0.5±0.1だったので、もっと精密に測定すれば、エーテルがいくらかでも水に引きずられて流れていれば、それがわかるはずである。

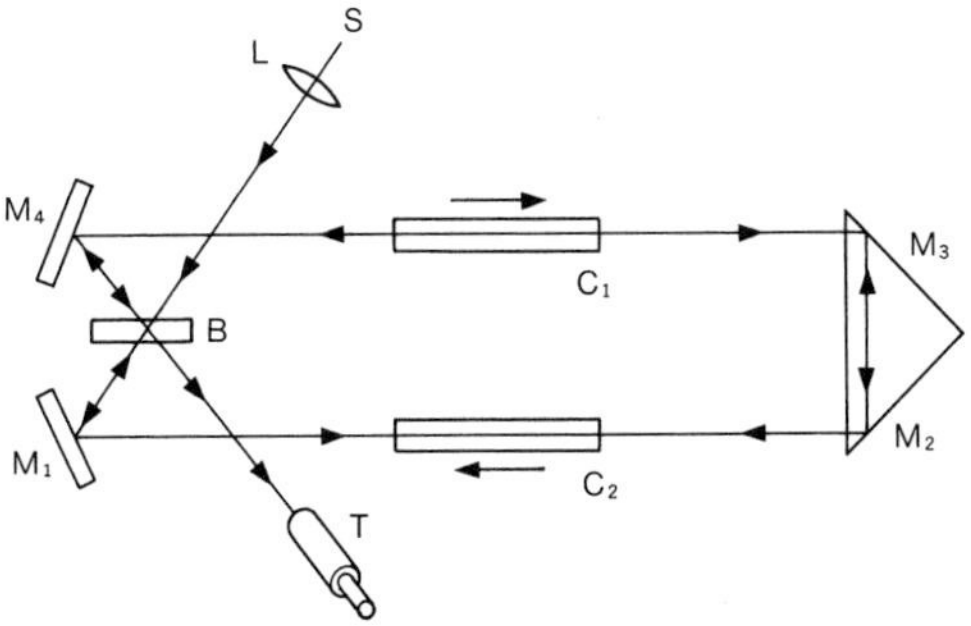

▲図5　フィゾーの随伴係数を測定するマイケルソン-モーレーの干渉計
Sは光源，Lは集光レンズ，Bはビームスプリッター，M_1とM_4は反射鏡，M_2とM_3はプリズムの全反射，Tは望遠鏡．2つの管C_1，C_2の中に水を流して，干渉縞の移動を望遠鏡で観測する．

　ケルビン卿とレイリー卿の勧めもあって、二人は共同でこれを実験することにした。一八八五年の秋、マイケルソンは病気のため実験計画と装置の製作をモーレーにまかせて療養に行かなければならなかったが、幸いにも予想より速く四か月で研究室に戻った。彼らのつくった実験装置はマイケルソン干渉計を図5のように変形して、二つの光路に蒸留水の流れる管を入れたものである。二つの管の水を逆向きに流して干渉縞を観測し、水の流速と干渉縞の移動とを測定すると、フレネルの随伴係数を求めることができる。

フィゾーの実験では、管の中を流れた水の量を測って流速を求めたので、管内の流速の平均値しかわからなかった。そこで、彼らは、管内の流速分布を正確に測る方法を工夫して、一八八六年に六五回の測定を行なった。その結果、干渉縞のずれは水の流速に正比例し、フレネルの随伴係数は〇・四三四と求められた。その誤差はわずか〇・〇二〜〇・〇三であって、(7)この実験結果は、光を伝えるエーテルが水の流れにはまったく影響されないことを示すものであった。(2)〜(4)

水素の微細構造

マイケルソンとモーレーはエーテルの流速の実験をする前に、もう一つ重要な研究をしている。彼らは干渉計を分光器として使うことによって、それまでにない高い分解能で水素のバルマー線のスペクトルを測定し、主量子数 $n=2$ の準位に微細構造を発見した。(8)この微細構造にはラムシフトが含まれることが、後に原子線電波分光によって見いだされた。(9)

そのほか、マイケルソンとモーレーの共著論文には、光の波長を長さの究極的標準にする研究もある。

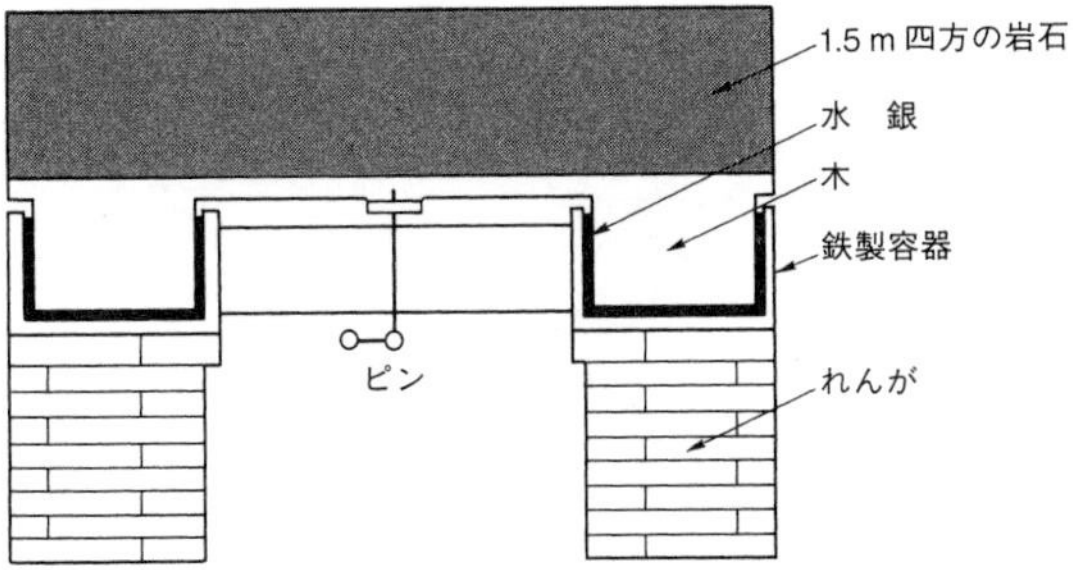

▲図 6　マイケルソン-モーレーの実験装置（断面）
環状の鉄製容器に水銀を入れ，容器に触れないようにつくった環状の木を浮かせ，その上に 1.5 m 四方の岩石がのせられている．木と鉄製容器が接触しないで回転するように，最初は中心のピンを入れておき，回転した後ではピンを抜く．そうすれば，干渉計は岩石の慣性で長時間なめらかに回転を続ける．

マイケルソン-モーレーの実験装置

フィゾーの随伴係数の実験によれば、静止エーテルは水の流れに影響されないで存在する。この結論は干渉縞の〇・五フリンジ程度のずれを観測して、数パーセント以内の誤差で測定できた。ポッダムの実験では、予想された干渉縞のずれはこれより一ケタ小さく、実験誤差は大きかったので、静止エーテルが存在しないという結論は決定的ではなかった。透明な水の流れに対しては静止しているエーテルが、不透明な地球の運動には部分的に引きずられているのかも知れない。ここはどうしても、ポッダムの実験をもっと精密に、そして確実にエーテルの流速を測定しなければならないと考えて、マイケルソンとモーレーはその計画を話し合った。

ポッダムの実験装置は図3を見てわかるように、きゃしゃな（頑丈でない）つくりだったので、わずかな力が働いても光路長が変わって干渉縞が動いてしまっ

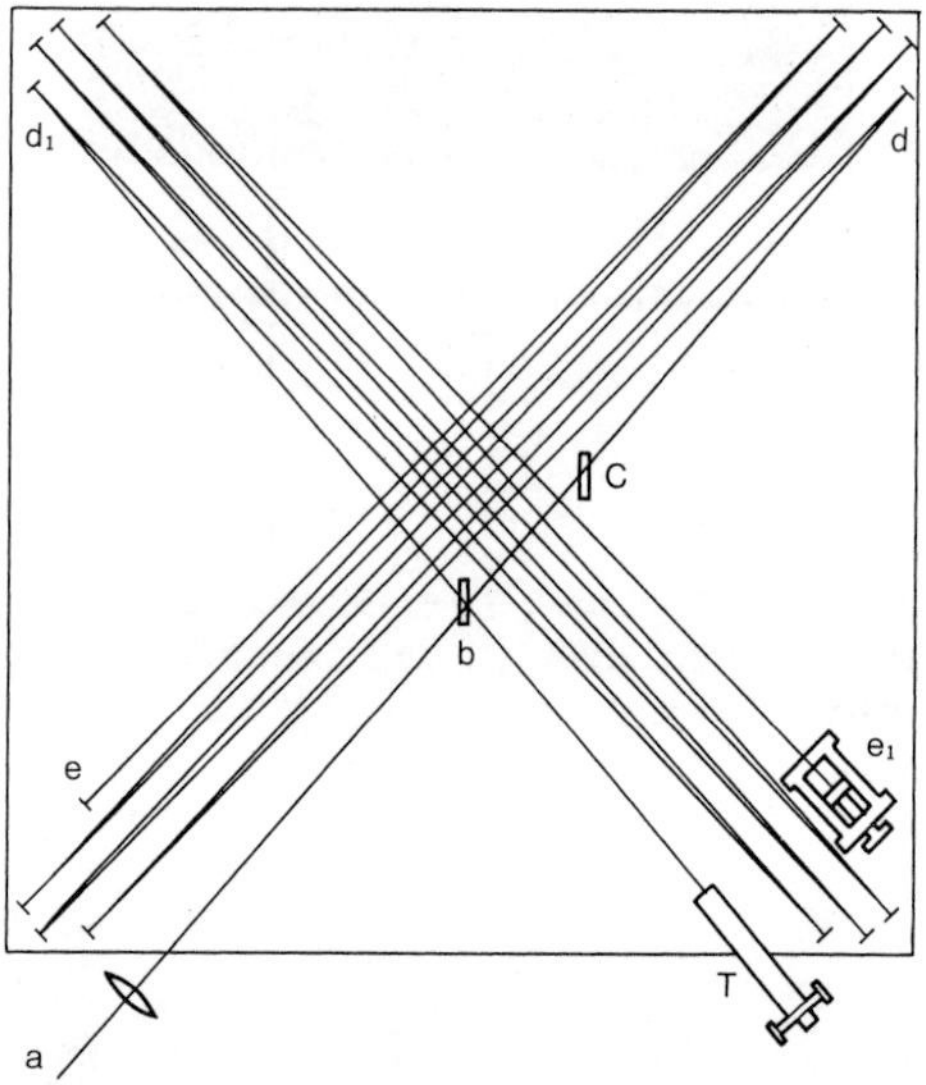

▲図 7　マイケルソン-モーレーの実験の光学的配置
a は光源，b はビームスプリッター，c は光路の屈折率補償のガラス板，T は望遠鏡，e_1 はマイクロメーター付きの反射鏡.

た。そこで、できるだけ堅固に干渉計をつくるために、一辺が一・五メートルの正方形で厚さが三〇センチメートルもある岩石を用意した。干渉計を回して方位を変えて測定するとき、回転軸が正確に鉛直でないと、重力によって光路長が変わって系統的誤差を生じる。モーレーはほかの実験のために大量の水銀をもっていて、一八八四年には水銀の精製装置を購入していた。そこで、干渉計を水銀の上に浮かせることを考えた。そうすれば干渉計は歪みを受けないで、いつも水平に保つことができる。[*3]

彼らのつくった装置の断面図を図6に示す。れんがの基礎の上に環状の鉄の容器を置いて水銀を入れる。鉄の容器の内法（内側の寸法）より少し小さい環状の木を水銀に浮かせて、その上に一・五メートル四方の岩石を乗せる。環状の木が鉄の容器に接触しないで中心軸を保つように、中心に

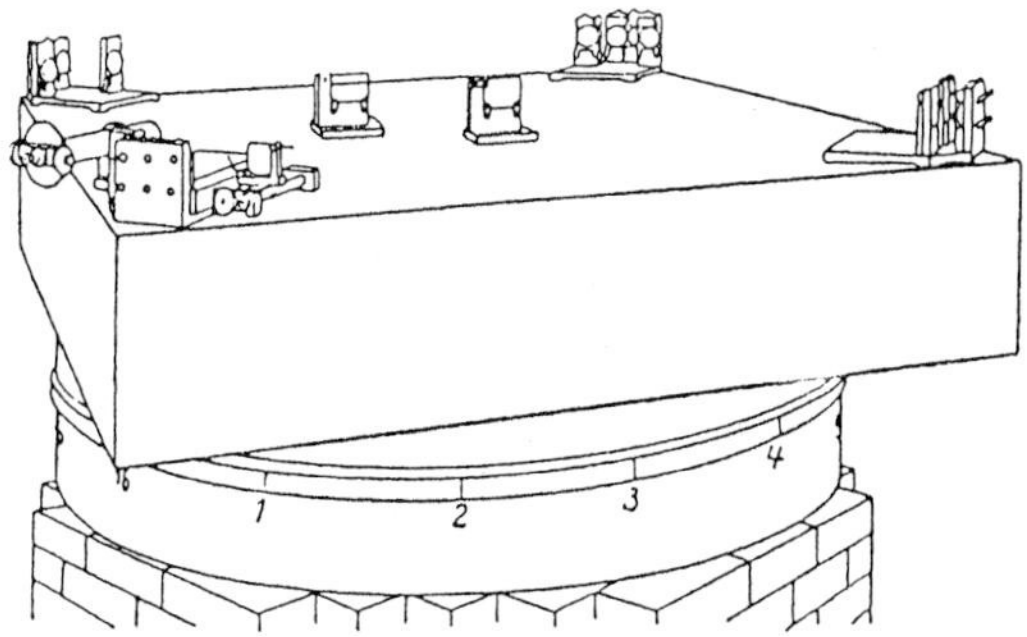

▲図8　マイケルソン-モーレーの実験装置の見取り図

ピンがあるが、このピンは岩石をはじめに回転させるときだけ使う。通常、六分間に一回転くらいの速さで回転させたが、慣性が大きいので、そのまま四時間以上も滑らかに回り続けることができた。

一・五メートル四方の岩石の上で干渉計の感度をできるだけ高めるために、彼らは図7のように多重反射によって合計十一メートルの距離を往復させ、光路長を二二メートルに伸ばした。これはポツダムの実験の光路長のほぼ一〇倍であるから、静止エーテルの中で地球が公転運動しているときに期待される干渉縞のずれは、最大〇・四フリンジになる。図7では白色光源aの光をビームスプリッターbで直交する二方向に分ける。それぞれの光は四隅にある鏡で合計十五回反射したのちビームスプリッターbで重ね合わせて望遠鏡Tに入れ、干渉縞を観測する。一方の光路の端にある鏡e_1をマイクロメーターで移動させて、ゼロ次の干渉縞を捜し出すのである。bとdの間にあるガラス板cは図2のCと同じように、二つの光路を同等にするための補償板である。

図8はマイケルソン-モーレーの実験装置の見取り図である。

この装置は岩石の壁に囲まれた地下室に設置されたが、装置を組み立てて光学調整し、不具合を直すのに数か月かかって、ようやく一八八七年七月に本番の実験を行なうことができた。エーテルの流れを測定する実験のときには、温度変化や空気のゆらぎの影響を避けるために、光学部分には木の箱をかぶせて装置を回転させる。そして水銀に浮いている全装置をゆっくりと連続的に回転させたまま、干渉縞を観測したのであった。光源にはアルガン灯という丸芯ランプを用い、回転する干渉計にそって歩き、ときどき望遠鏡をのぞいて干渉縞を観測した。レーザーや光電管はもちろん、電灯もないときに、彼らは二二メートルという長い光路でつくられる敏感な干渉縞を何千回も観測して、干渉計の向きとともに記録した。

論文(10)に発表されたデータは、一八八七年七月八日～十二日の正午ごろと真夜中（正子ごろ）に測定されたものである。予想される干渉縞のずれは〇・四フリンジであったが、エーテルの流れに対応するずれはまったく見いだされなかった。あったとしても、〇・〇一フリンジ以下と推定された。干渉縞のずれの大きさはエーテルの流速vの二乗に比例するから、この実験結果からいえることは、エーテルが地球に対して流れているとしても、流速は地球の公転速度の六分の一以下だということである。

マイケルソン-モーレーの実験のその後

マイケルソンとモーレーの実験は完全に否定的結果に終わった。実験は失敗ではなく、きわめて重要な知見をもたらした。しかしそれはフィゾーの理論と矛盾するし、エーテルがなかったらマク

▼表1　マイケルソン-モーレー型の実験[12]

観測者	年	場所	L(m)	Δs (フリンジ)	標準偏差 σ (フリンジ)	Δs/2σ
Michelson	1881	ポツダム	1.2	0.04	0.01	2
Michelson, Morley	1887	クリーブランド	11.0	0.40	0.005	40
Morley, Miller	1902-04	クリーブランド	32.2	1.13	0.0073	80
Miller	1921	ウィルソン山	32.0	1.12	0.04	15
Miller	1923-24	クリーブランド	32.0	1.12	0.015	40
Miller	1924	クリーブランド	32.0	1.12	0.007	80
Tomaschek	1924	ハイデルベルグ	8.6	0.3	0.01	15
Miller	1925-26	ウィルソン山	32.0	1.12	0.044	13
Kennedy	1926	パサデナ	2.0	0.07	0.001	35
Illingworth	1927	パサデナ	2.0	0.07	0.0002	175
Piccard, Stahel	1927	リギ山	2.8	0.13	0.003	20
Michelson et al.	1929	ウィルソン山	25.9	0.9	0.005	90
Joos	1930	イェナ	21.0	0.75	0.001	375

スウェルの電磁波も伝搬することができないではないか。ケルビン卿は一九〇〇年の王立協会の講演で、「マイケルソン-モーレーの実験は、十九世紀物理学の最大の謎の一つである」と述べた。そしてマイケルソンは一八七九年にクリーブランドを去っていたので、モーレーとD・C・ミラーにもう一度実験するように要請した。

モーレーとミラーは干渉計の腕の長さをマイケルソン-モーレーの実験の三倍近い三二・二メートルにして、一九〇二〜〇四年に実験したが、結果はやはり否定的であった。A・アインシュタインはマイケルソン-モーレーの実験を基礎にして相対性理論をつくり上げたのではなかったが、一九〇五年に特殊相対性理論が発表された後では、マイケルソン-モーレーの実験に対する一般の科学者の関心がいっそう高まっていた。そしてアインシュタインも一九二一年五月クリーブランドを訪問して、ミラーにもっと実験して不確かさと疑問を解消するように激励した。

一九二一年から一九二六年まで、ミラーは装置に種々の改良を加え、ウィルソン山とクリーブランドで実験した[11]。そのほかにも、一九三〇年までに各所で何回もエーテルの流れを検出しようという実験が実施された。ポッダムの実験以来のこれらの実験結果をまとめたのが表1である。これらそれぞれの実験の詳細に関心のある読者は、文献(12)に引用されている原著論文を参照していただきたい。

温度変化、土地の震動、風の影響、地磁気の効果など十分に考慮して行なわれたこれらの実験はほとんどすべて、エーテルの流れを検出することができなかったと結論している。しかし、ウィルソン山でのミラーの実験[11]には、Δsの十三分の一程度の小さな値で実験誤差と同程度ではあるが、干渉計の回転角に対して干渉縞のずれの周期的変化が観測されているので、エーテルの効果かもしれないと議論されていた。ミラーの実験からおよそ三十年後に、彼の実験記録などをくわしく解析したR・S・シャンクランドらは、それは統計誤差とウィルソン山の実験室の温度勾配のためであることを明らかにした[12]。これによって、実験的にエーテルの存在は疑問の余地なく否定されることになった。

参考文献

(1) 広重徹科学史論文集1、相対論の形成（みすず書房、一九八〇）にくわしい。

（2）バーナード・ヤッフェ著、藤岡由夫訳：マイケルソンと光の速度（河出書房新社、一九六九）。
（3）R. S. Shankland : Am. J. Phys. **32**, 16 (1964).
（4）J. M. Bennett, D. T. McAllister and G. M. Cabe : Appl. Opt. **12**, 2253 (1973).
（5）L. S. Swenson : Phys. Today **40/5**, 24 (1987).
（6）A. A. Michelson : Am. J. Sci. **22**, 120 (1881).
（7）A. A. Michelson and E. W. Morley : Am. J. Sci. **31**, 377 (1886).
（8）A. A. Michelson and E. W. Morley : Phil. Mag. **24**, 46 (1887).
（9）W. E. Lamb, Jr. and R. C. Retherford : Phys. Rev. **79**, 549 (1950).
（10）A. A. Michelson and E. W. Morley : Am. J. Sci. **34**, 333 (1887).
（11）D. C. Miller : Rev. Mod. Pyhs. **5**, 203 (1933).
（12）R. S. Shankland *et al.* : Rev. Mod. Phys. **27**, 167 (1955).

補注

＊1　単色光を使うと多数の干渉縞が観測されるが、どの縞が何次の干渉であるか、つまり二つの光の光路差が波長の何倍かわからない。白色光を使うと、ゼロ次以外の干渉縞は波長によって位置が違うので、高次の干渉縞は消え、低次の干渉縞は虹のように色づいて見え、ゼロ次の干渉縞だけが白または黒い縞となる。そこで、まず単色光で干渉縞がよく見えるように干渉計を調節し、その後で光源を白色光に変えてゼロ次の干渉縞を探すのである。

＊2　すでにフーコーとフィゾーが水中の光速度は空気中より小さいことを実験しているが、その実験は定性的なものであった。

＊3　これはたぶんモーレーの発案だったといわれている。もしも干渉計が数分の一度でも傾いたら、重力で鏡の位置がわずかに変わって干渉縞が動いてしまう。干渉計を回すのに力をかけたときも干渉縞が動くので、微小な干渉縞のずれはわからなくなるだろう。したがってこのように、自然に回るままにして干渉縞のずれを観測するというのは名案であった。

8章　現代版マイケルソン-モーレーの実験

相対論効果

マイケルソン-モーレーの実験は、光を伝える媒質として十九世紀の科学者が考えたエーテルの流れを測ろうとしたけれども検出できなかった。この謎はアインシュタインが一九〇五年に発表した特殊相対性理論によって見事に説明された。しかし、特殊相対性理論がマイケルソン-モーレーの実験によって実証された、と考えるのは誤解である。なぜならマイケルソン-モーレーの実験の否定的結果は、ローレンツ短縮[*1]だけで説明できるからである。

ローレンツ短縮とは、慣性系に対して速度vで運動している座標系では、光速度をc、$\beta=v/c$

とすると、運動方向の長さが$\sqrt{1-\beta^2}$倍に短くなることである。7章の$t_{/\!/}$の計算で、Lが$L\sqrt{1-\beta^2}$になるとすると、時計が進んでも遅れても$t_{/\!/}$と$t_{\perp}$が等しくなって干渉縞のずれは生じないことがわかる。運動座標系における時計の遅れ（時間の伸び）は、マイケルソン-モーレーの実験ではわからない。

それに、特殊相対性理論のローレンツ変換は重力のない慣性系に適用されるものであるが、地球は自転し太陽のまわりを公転しているので、地球は慣性系ではなくて重力場の回転座標系にある。したがって、地球上での実験は一般相対性理論で議論しなければならないが、一般相対性理論の前提条件や効果には実験的検証が乏しく、理論的にも不確定要素が少なくない。

マイケルソン-モーレーの実験は古典的エーテルの検出に失敗したが、もっと精密に測定することができたら、重力や回転による時間と空間の歪みを検出できるに違いない。理想的な慣性系はビッグバンの名残りの宇宙背景輻射（二・七ケルビンの電磁波）で与えられるとすると、太陽系はそれに対して300〜400 km/sの速度で運動しているから、それによる非慣性系効果もあるはずである。最近の衛星観測では宇宙背景輻射の不均一も見いだされているので、その影響もありうる。これらの相対論的な時間空間の歪みは、いわば現代的エーテルの流れということができよう。より高精度の測定技術を適用して、微小な一般相対論的時間空間の歪みを検出しようとする実験物理学者は少なくない。理論的考察は別にして、古典的「マイケルソン-モーレーの実験」以後、すなわち一九三〇年以後に行なわれたおもな実験的研究をたどってみよう。

メスバウアー効果やメーザーの利用

メスバウアー効果によって原子核から放射されるガンマ線は、反跳を伴わないので、線幅がきわめて狭い。とくに^{57}Feから放射される一四・四キロ電子ボルトのガンマ線では、その相対線幅($\Delta\nu/\nu$)[*2]はわずか6×10^{-13}である。これを利用してハーウェル研究所ではT・E・クランショーらが、(1)ハーバード大学ではR・V・パウンドらが、(2)重力ポテンシャルの差によるスペクトル線の赤方偏移を一九六〇年に実験した。彼らはいずれも塔を使って、それぞれ十二・五メートル、二二メートルの高度差に^{57}Feの試料を置いてメスバウアー効果を測定した。

重力に関する等価原理とローレンツ変換で与えられる周波数シフトの相対値$(\Delta\nu/\nu)_{th}$はそれぞれ1.36×10^{-15}、2.46×10^{-15}であるが、彼らの測定値はそれぞれ$(1.3\pm0.6)\times10^{-15}$、$(2.57\pm0.26)\times10^{-15}$となり、測定誤差の範囲で理論値と一致した。重力による赤方偏移はこれまでは天文学的に観測されていたが、天文観測ではほかの原因による偏移から重力効果を分離するのが困難であるため、結果は不確実であった。それに対し、パウンドらの実験は信頼性が高く、地上で初めて測定したことに意味がある。しかし、精度が高い測定とはいえない。

一九五四年に発明されたメーザーについては次章にくわしく述べるが、アンモニア分子線メーザーの発振スペクトル幅は非常に狭くて、相対幅の理論値は10^{-14}程度になりうる。そこで、小型のアンモニアメーザーをロケットに載せて打ち上げ、重力による赤方偏移の精密測定が計画されたが、振動などによる発振周波数の変動とドリフトが大きくて成功しなかった。

コロンビア大学のJ・P・セダーホルムとC・H・タウンズは一九五八年、図1のように分子線

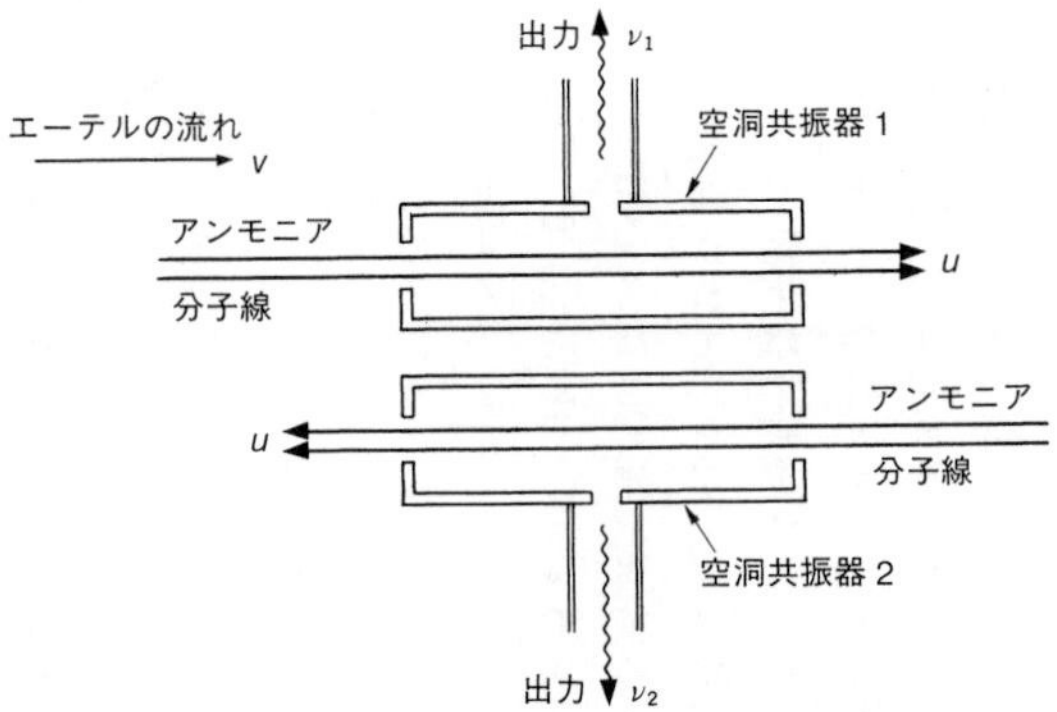

▲図 1　アンモニア分子線メーザーを用いた“マイケルソン-モーレーの実験”
装置全体を 180° 回転して，ビート周波数 $\nu_1-\nu_2$ の変化を測定する．

を平行で逆向きにした二台のアンモニアメーザーのビート周波数を測定し、二台を一八〇度回転させて、ビート周波数が変わるかどうかを調べた[3]。この実験はメーザーを利用した「マイケルソン-モーレーの実験」と考えられるが、分子は空洞共振器の中を一方向に走っているので、その速さをu、その方向のエーテルの流速成分をvとすれば、周波数シフトの相対値は高次の項を省略すると

$$\frac{\Delta v}{v}=\frac{u^2}{2c^2}-\frac{uv}{c^2} \qquad (1)$$

で与えられ、vの二次でなく一次の効果である。そこで装置全体を一八〇度回転させるとvは$-v$になるので、このときのビート周波数の変化の相対値は$2uv/c^2$となる。彼らの実験では、10^{-12}以上の変化は検出されなかったので、アンモニア分子の速さを$u=450$ m/sとすると、エーテルの流速vは100 m/s以下と結論される。これは地球の公転速度30 km/sの三〇〇分の一である。

　しかし、分子線メーザーの周波数は、空洞共振器の共

振周波数と分子の周波数の両方の関数である。空洞共振器の共振周波数は空洞の大きさと光（マイクロ波）の速さで決まるので、光速度の異方性（方角依存性）があれば、それに従って変化する。一方、共振器を通過する分子の速度は一定でないので、一次のドップラー効果が完全には除去できないだけでなく、二次のドップラー効果も考慮しなければならない。メーザーの分子線では、動作条件によって分子の速度分布が変わりやすく、この実験ではドップラー効果と光速度の異方性またはローレンツ短縮とを実験的に分離できないのが欠点であった。

アンモニアメーザーよりも周波数安定度の高い水素メーザーは、一九五九年ハーバード大学のN・F・ラムゼーらによって最初につくられた。そして一九八〇年には、ロケットに水素メーザーを載せて一万キロメートルの高度まで打ち上げて周波数の変化が測定された[4]。ロケットの高度と速度のデータから、重力による赤方偏移と運動速度によるドップラー効果をそれぞれ計算することができ、重力効果の理論値と実験値とは7×10^{-5}の範囲で一致した。

レーザーによる「マイケルソン-モーレーの実験」

連続発振するヘリウム-ネオンレーザー（波長一・一五マイクロメートル）を一九六〇年に発明したジャバンは、その出力光のコヒーレンスを高めるためのあらゆる努力をしていた。まず単一モード発振を確保し、振動や温度変化に対して安定度の高いレーザーを二台つくって、そのビートが正弦波になるのを観測した。最良条件ではビートの短時間の周波数安定度がおよそ三〇ヘルツ、相対的安定度ではおよそ1×10^{-13}を得た。そしてタウンズらと共同でこの二台のレーザーを使って、

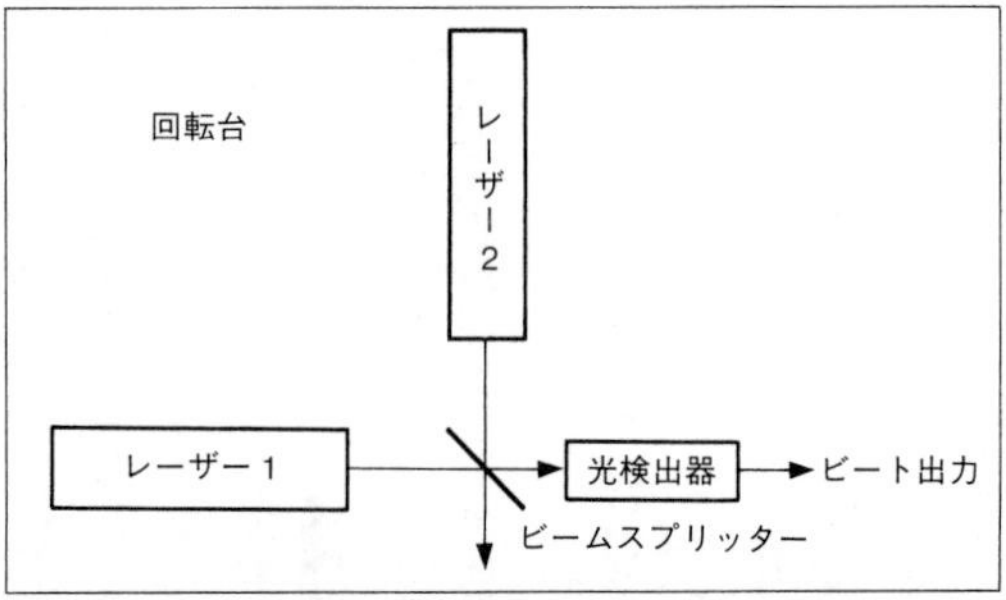

▲図2　レーザーを利用した“マイケルソン-モーレーの実験”
回転台にのせた装置全体を90°あまりの振幅でねじれ振動させながら，2台のレーザーのビート周波数の時間変化を調べる。

「マイケルソン-モーレーの実験」を行なった(5)。

その実験では、図2のように二台のレーザーを回転台の上に直角に配置し、回転台の方位[*3]を変えながら二台のレーザーの周波数差（ビート周波数）を測定する。温度変動と都市の振動を避けるため、海岸近くの地下室[*4]で実験したが、ここでは潮の干満による地面の傾斜の影響が無視できない。そこで回転台は図3のように天井から吊るして、地面が傾いても装置は水平を保って回転するようにした。図3の写真で、手前がジャバン、後ろに立っているのがタウンズである。彼らの実験では装置は連続回転させるのでなく、リン青銅の針金で吊るしてあって、約一〇秒の固有周期で九〇度あまりの振幅でねじれ振動をさせている。自由振動の減衰時間は約一〇分であるが、回転台の下に細いゴムバンドで結合した励振装置があって、一定の振幅で振動を続けるようにしている。このようにすると、レーザー電源の供給とビート信号の取り出しが容易になるからである。

レーザー共振器は熱膨張係数の小さいインバー鋼をスペーサーにしているが、方位を変えると地磁気による磁気歪みでわずかに長さが変わる。しかし、磁気歪みのない石英を使うと機械的強度が

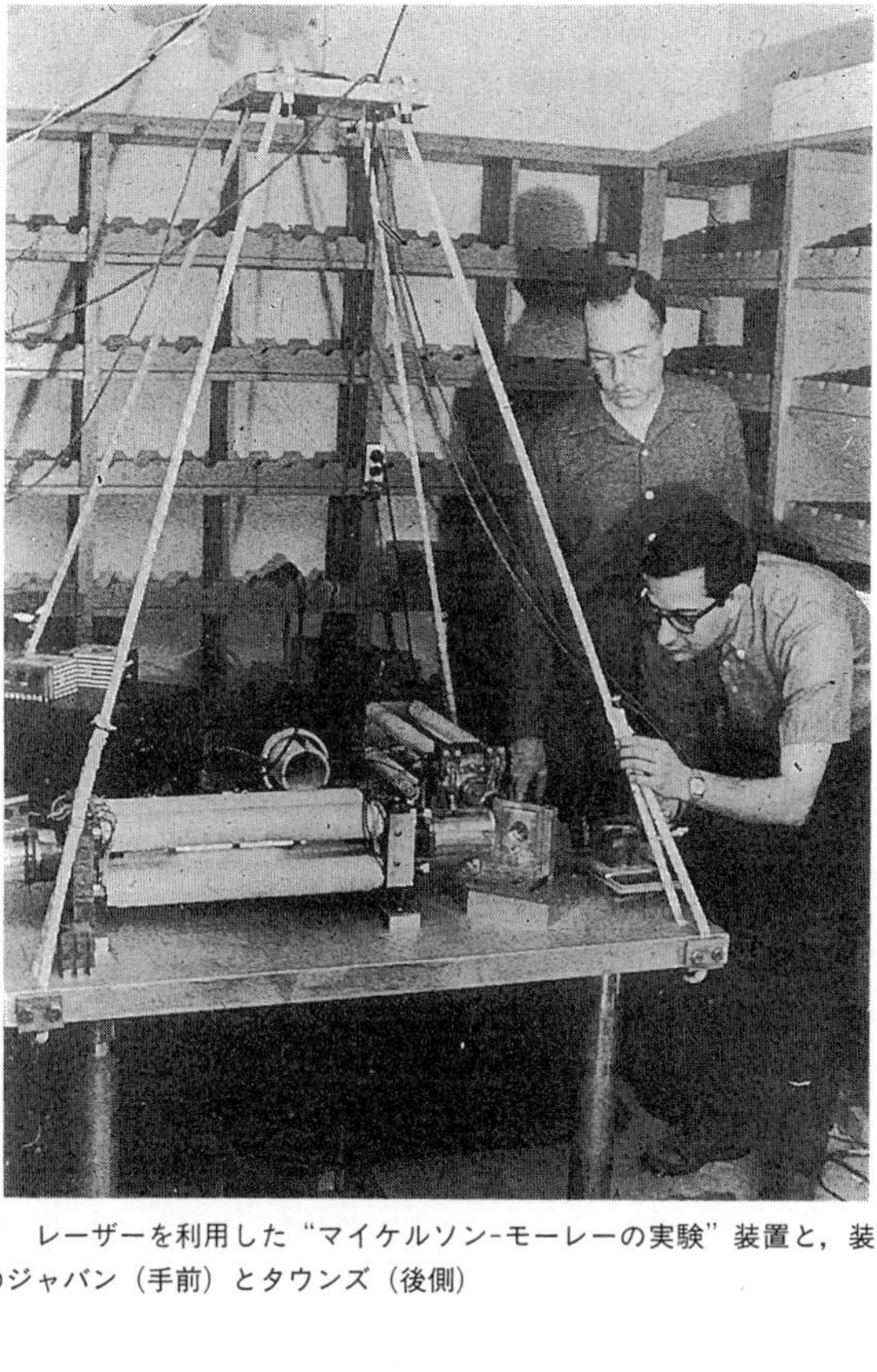

▲図3　レーザーを利用した"マイケルソン-モーレーの実験"装置と，装置を調整中のジャバン（手前）とタウンズ（後側）

不足し、熱膨張係数もインバーより大きく、安定度が劣ることがわかったので、結局インバー鋼を採用した。さいわい、地磁気は地球に対してほとんど一定であるから、その影響は地球が自転する二四時間変化しない。しかし、公転速度または銀河中心方向に対する光速度の異方性があれば、ビート周波数の十二時間周期の変化として観測にかかるはずである。

一九六三年一月に行なわれた実験では、そのような周期的変化はまったく検出されなかった。(5) レーザーの周波数変化は、メーザーと違って、ほとんどレーザー共振器の共振周波数変化で決まるので、この実験はマイケルソン-モーレーの実験と同じ効果を検出する実験である。その検出感度は確率誤差が約三キロヘルツで、相対値にすると10^{-11}であったから、古典的エーテルで予想される効果$(v/c)^2$の千分の一に相当する。これは、マイケルソンとモーレーの測定値の二五分の一にあたるが、光学的実験で最高精度の測定の約三分の一である（七章の表1参照）。

この実験では、フリーランニングのレーザー[*5]が用いられたが、その後レーザーの周波数制御技術が進歩したので、一九七八年には周波数安定化レーザーを用いた「マイケルソン-モーレーの実験」がA・ブリレーとJ・L・ホールによって行なわれた。(6) いままでにもっとも精密な測定が行なわれたこの実験の要点を図4で説明しよう。

原子の遷移周波数が変わるとレーザーの発振周波数もいくらか変わるので、測定精度を上げるときは、時間空間の歪みと原子の遷移周波数の変化とを分離する必要がある。そこで図4では、時間空間の歪みだけ、したがって光速度の異方性だけを検出するために、レーザーでない高安定ファブリー-ペロー（FP）共振器を水平面内で回転して、その共振周波数の変化を観測する。FP共振

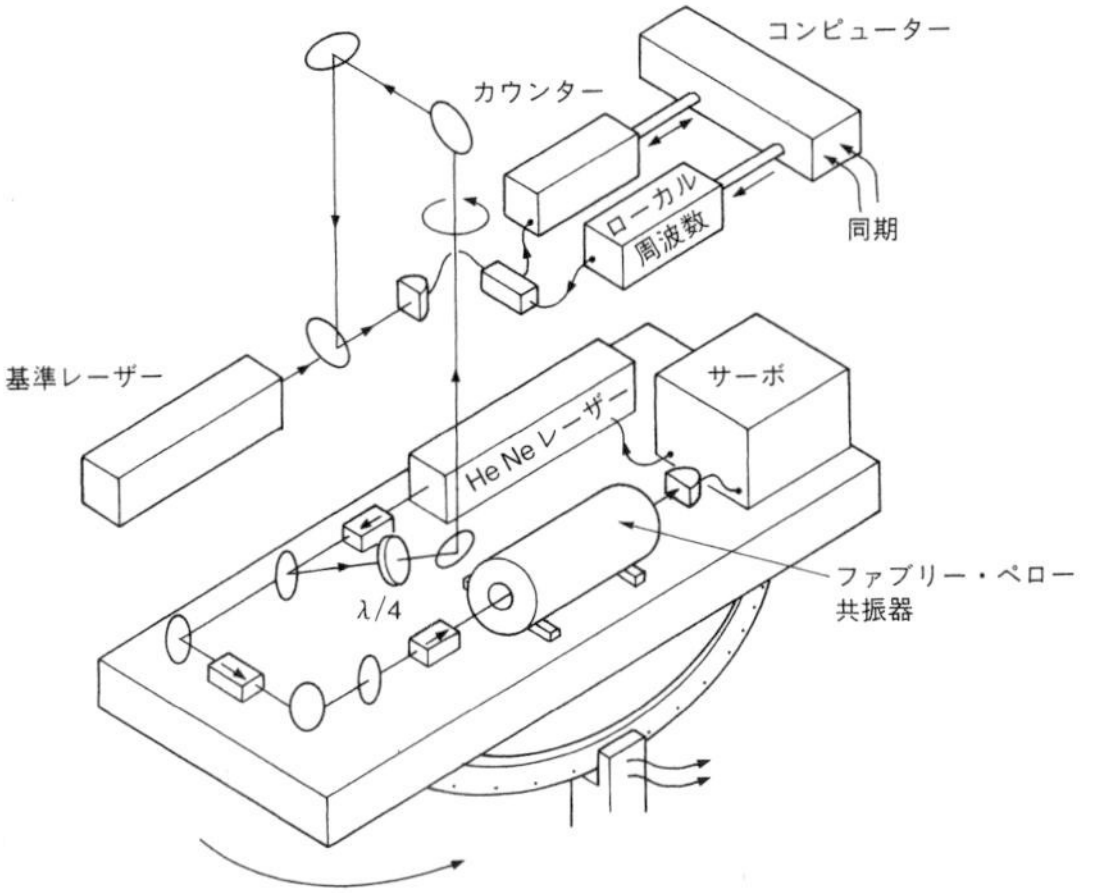

▲図4　3.39 μm の He-Ne レーザーを用いた“マイケルソン-モーレーの実験”
基準レーザーはメタンのスペクトルで安定化した He-Ne レーザーで，矩形の回転台の上にある He-Ne レーザーの周波数はファブリー-ペロー共振器の共振周波数にロックされている．回転台上のレーザーの出力は円偏光にして取り出され，基準レーザーとの間のビート周波数がコンピューターで計算処理される．

器は二枚の反射鏡を一定の距離で向かい合わせたものであるから、往復する光の半波長の整数倍の長さのときに共振する。特殊相対性理論では光速度は変わらない（ローレンツ短縮と時計の遅れが同じ割合で起こる）が、光速度に異方性があれば、方位によって共振波長、したがって共振周波数が変化するので、それを検出する。

ほかの原因による変動をできるだけ少なくするため、熱膨張係数のきわめて小さいセラミック製の長さ三〇・五センチメートルの円筒をスペーサーにして、その両端に反射鏡を光学的接着してFP共振器をつくった。そして熱的に絶縁した真空容器の中に入れ、測定中の温度変化も気圧による長さの変化も空気の屈折率の影響も十分に避けるようにした。

レーザー周波数のドリフトが大きく、絶対的安定度が悪くて相対的安定度しか期待できなかったときは、図2のように二台のレーザーを回転させて実験した。しかし、この実験では、周波数の絶対的安定度の高いレーザーを基準にして、回転するFP共振器の周波数の変動を測定する。種々の絶対周波数安定化レーザーの中では、波長三・三九マイクロメートルのメタン安定化ヘリウム－ネオンレーザーの安定度がもっともよい[*6]ので、図4の基準レーザーにはこれを用いる。そして回転台の上には別の三・三九マイクロメートルのヘリウム－ネオンレーザーを置き、その周波数はFP共振器の共振周波数に同調するようにフィードバック・サーボをかける。FPの共振は鋭い（この実験に用いたFPの共振幅は約四・五メガヘルツであった）ので、その反射光がレーザーにわずかでも戻ると共振特性が歪んで、正確な共振点がわからなくなる。これを防ぐために、順逆方向の透過率が二六デシベル以上違う光アイソレーター[*7]を三段も入れている。

フィードバック・サーボの詳細は省略するが、FP共振器にできるだけ正確に同調したレーザーの出力は四分の一波長板を通して円偏光に変換して取り出し、メタン安定化レーザーの出力と混合してビート周波数を測定する。円偏光にしないで直線偏光のままでは、台の回転につれて出力強度が変化し、ある方位では出力が消滅してしまう。回転台は95 cm×40 cmの矩形で厚さ十二センチメートルの花崗岩であって、約一〇秒で一回転させるので回転周波数fは約〇・一ヘルツである。このとき遠心力によってFP共振器が伸び、周波数は約一〇キロヘルツ下がる。また、回転軸が完全に鉛直でないために重力によってFPが伸び縮みして、共振周波数νが正弦波状に周波数fでプラスマイナス二〇〇ヘルツの振幅で変動する。これから、回転軸はおよそ10^{-6}ラジアン傾いていると推定される。

このようなＦＰの変形が測定可能になったのは、絶対周波数安定化レーザーを基準にしてＦＰ共振器の周波数を測定したからである。ＦＰ共振器は、毎秒およそ五〇ヘルツのドリフトを避けられなかったが、一定速度のドリフトは問題にならない。通常は〇・二秒ごとに測定されたビート周波数をコンピューターで積算処理するが、フーリエ解析すると、周波数ゼロの成分は一様なドリフト、周波数fの成分は回転軸の傾斜や地磁気の影響、周波数$2f$の成分がエーテルの効果、すなわち光速度の異方性に対応する。連続的に自動測定された結果から三〇分ごとに計算された周波数$2f$のフーリエ成分の振幅と位相をプロットすると、一日（二四時間）の分布が図5のようになった。図中の〇印は地

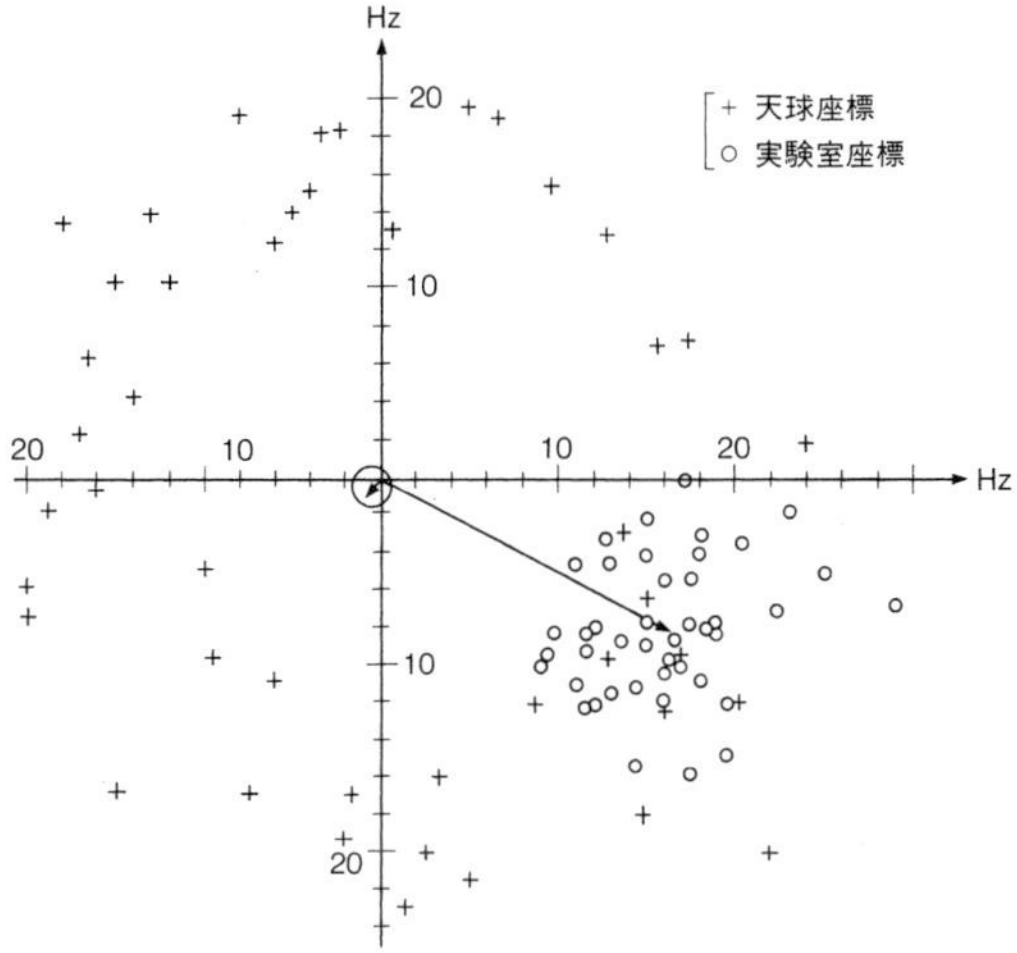

▲図5　ある1日24時間の測定データから，30分ごとにフーリエ解析して得られた周波数$2f$の成分の振幅と位相の分布
○印は地球に対する位相，＋印は天球に対する位相でプロットしたもの．

球に対する装置の方位に対して振幅をプロットしたもので、明らかに一方の位相に集まっている。しかし、天球に対する方位を使ってプロットした＋印を見ると相関は認められない。この一日のデータの平均値から、見かけのエーテルの流れによる周波数変化は 0.67 ± 0.73 Hz となる。多数のこのようなデータから、最終的測定値としてエーテルの効果は、共振周波数変化では $\Delta\nu=0.13\pm0.22$ Hz　相対値では $\Delta\nu/\nu=(1.5\pm2.5)\times10^{-15}$ が得られた。

この結果は、古典的エーテルの効果のおよそ四百万分の一であり、ジャバンらの測定[5]よりおよそ四千倍の精度でも現代的エーテルの効果を検出できなかったことになる。あるいはエーテルの流速の上限をおよそ15 m/sとしたことになる。もし、宇宙背景輻射が基準慣性系であって、それに対して地球が400 km/sの速度で運動しているとすれば、およそ 3×10^{-9} という高精度でローレンツ変換を検証したことになる。このような測定精度が達成されたのは、レーザーおよびFP共振器の安定度の向上と信号処理のおかげであるということができる。

ケネディ-ソーンダイクの実験

ここで歴史をさかのぼって、一九二九年四月から一九三一年八月にわたって行なわれたR・J・ケネディとE・M・ソーンダイクの実験[7]に戻ることにする。はじめに述べたように、「マイケルソン-モーレーの実験」では運動する時計の遅れを検出することはできない。しかし、二つの腕の長さ L_1 と L_2 が等しくない干渉計をつくって、単色光源で干渉縞を観測すれば、慣性系に対して速さ v で運動する座標系で時計の速さが $\sqrt{1-\beta^2}$ 倍になるかどうかを調べることができる。長さ L_1 を往復

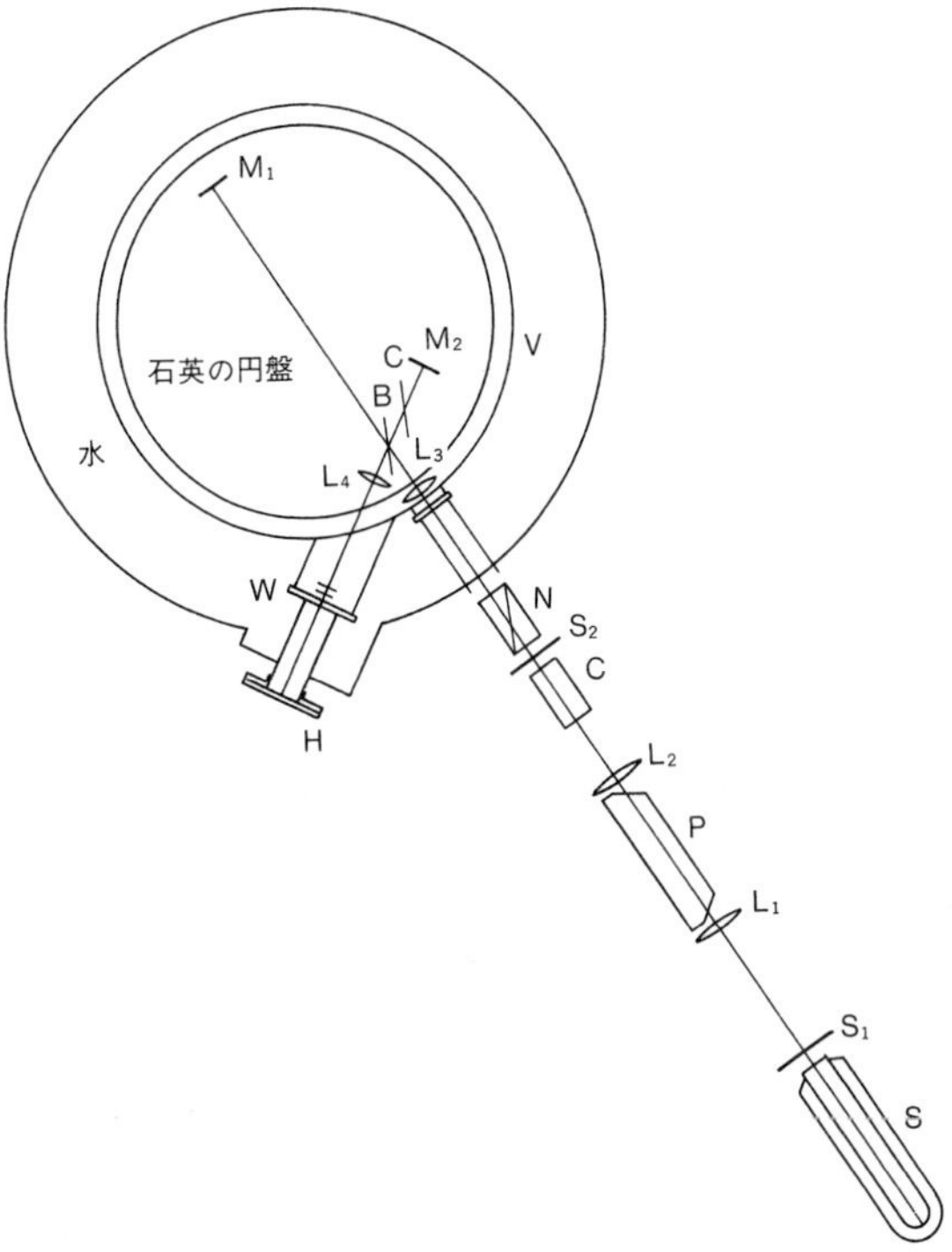

▲図6　ケネディ-ソーンダイクの実験装置
Sは水銀ランプで，緑色の546.1 nmの単色光がプリズムPで選択されて干渉計に導かれる．S_1，S_2はスリット，L_1，L_2，L_3，L_4はレンズ，Cは水槽，Nはニコルプリズムである．干渉計は真空容器Vの中にあり，Vは温度を±0.001℃以内に制御された水中に置かれている．ビームスプリッターBで2分された光は，それぞれM_1，M_2で反射されて再びビームスプリッターで重ね合わせられ，干渉縞をつくる．干渉縞は自動的に写真乾板Hで撮影される．

した光とL_2を往復した光との干渉縞は、L_1-L_2の距離を光が往復する時間を単色光の振動周期を単位にして数えることに相当する。したがって、慣性系に対する観測者の運動速度が地球の自転や公転によって変化すると、それに伴って干渉縞が動くことが期待される。

図6は、これを実験するために彼らのつくった装置の略図である。装置は回転しないで、実験室に固定している。$2(L_1-L_2)$の光路差で干渉縞を観測するためには、コヒーレンスのよい光源が必要である。そこでスペクトル線幅が狭くて明るい光源として、水銀放電管の緑線（五四六・一ナノメートル）を採用した。しかし、普通の放電管では水銀原子の運動によるドップラー効果で波長が変動するので、無電極の高周波放電で励起し、対流が起こらないような特別の放電管をつくって用いた。図6で光源Sを出る光はスリットS_1を通してプリズムPに入れ、緑線を選び出す。Lはレンズ、Cは不要な赤外線や紫外線を吸収する水を入れたセル、Nはニコルプリズムで、電場が水平面内にある偏光を干渉計に入れる。

ビームスプリッターBと補償板Cはブルースター角にして、ガラスの表面反射を避けている。この実験では、干渉計の二つの腕（BM_1とBM_2）を直角にする必要はない。安定度を高めるため、干渉計の光学素子は直径二八・五センチメートルで厚さ三・八センチメートルの溶融石英の円盤に取り付けられ、この円盤は精密に調節して水平にした黄銅板の上のフェルトにのせられて真空容器Vの中にある。そして、この真空容器はプラスマイナス一ミリケルビン以内に真空管で温度制御された水の中に置かれている。干渉縞は三〇分ごとに自動的に写真撮影される。写真乾板の移動と交換にさいして干渉計によけいな力がかからないように考慮されているのは当然であるが、乾板が現像で縮小するための誤差が最小になるように、十二時間離れた干渉縞の像がとなりに露出されるようにしている。地球が十二時間自転するごとに、慣性系に対する干渉計の速度が最大と最小と交互に変わるからである。

実はこの実験を最初計画したときには、日変化でなくて季節変化を観測するつもりであった。地球の自転による地表の速度よりも、公転速度30 km/sの方がずっと大きいからである。干渉計のミラーマウント（反射鏡の支持）はインバーでつくられているが、長期間のゆっくりとした不規則変化を避けられなかったので、日変化を観測することにしたのである。彼らは干渉縞を千分の一フリンジ以下まで観測した多数のデータを解析し、いろいろの検討を行なっているが、特殊相対性理論による時計の遅れのおよそ二パーセント以上の差異は検出されなかった。

ケネディ-ソーンダイクの実験は、真空管式温度制御装置、溶融石英とインバー構造の干渉計、自動撮影装置など一九三〇年代の先端技術を活用した最高の実験であった。しかし六〇年後の一九九〇年には、レーザーの高度技術を使うことによって、さらに三〇〇倍の高い精度の測定が行なわれた(8)。その原理は、慣性系に対する地球の運動によって、FP共振器の中で光が往復する時間が変わるかどうか、周波数安定化レーザーを基準時計にして測定するのである。そのための実験装置は、回転台を使わないことのほかは図4の装置に似ているが、より微小な周波数変化を検出できるように工夫されている。

まず、Qの高い共振器を使うために、基準周波数発振器には波長六三三ナノメートルのヨード安定化レーザーを用い[*8]、共振の半値全幅が七二キロヘルツでフィネスが六六〇〇のFP共振器を用いている。FPの長さは三〇・五センチメートルで、スペーサーは安定度の高いガラス（商品名ゼロジュール）である。このFP共振器は二本のステンレスのリボンで厚いアルミ製の真空容器中に吊るし、一日の温度変化は五マイクロケルビン以下に制御されている。そして装置全体は、振動と音響を二〇デシベル以上遮断した箱に入れ、箱内の空気の温度変化はレーザーが発熱していても一時間に一ミリケルビン以下、一日では一〇ミリケルビン以下に保たれる。

通常、四〇秒ごとに二台のレーザーのビート周波数を測定し、二日間の四三二〇個のデータを積算して、コンピューターのメモリーに入れる。ここではデータ処理と測定感度（雑音）の説明は省略しなければならないが、天球に対する地球の運動に対応する周波数変化（相対値）は九〇パーセントの確かさで2×10^{-13}以下と結論された。

横のドップラー効果の実験

特殊相対性理論によれば、慣性系に対して一定の速度で運動する座標系では、長さがローレンツ短縮し、時間は同じローレンツ因子$\sqrt{1-\beta^2}$で遅れる時計で表される。慣性系でなければ、これらの関係（ローレンツ変換）は近似的にしか成り立たないはずである。マイケルソン‐モーレーの実験はローレンツ短縮を検証し、ケネディ‐ソーンダイクの実験はローレンツ短縮と時計の遅れとが同様に生じていることを検証し、これまでのところでは特殊相対性理論からの差異は見いだされていない。しかし、どちらの実験も光の往復時間を調べたものである。

非慣性系で二つの座標系の間の一般的変換を考えると、これらの検証実験のほかに、単独に時計の遅れの実験または片道の光速度の実験が必要であることが、H・P・ロバートソンらによって論じられている。[9] 非ローレンツ変換効果がケネディ－ソーンダイクの実験にかからなくても、時計の遅れを直接に検証する実験として、精度の高い横のドップラー効果の測定が最近クローズアップされてきた。

特殊相対性理論によれば、速度vで運動する原子の遷移周波数を角θの方向で観測するときの周波数シフトの相対値は

$$\frac{\Delta v}{v_0}=\frac{v\cos\theta}{c}-\frac{v^2}{2c^2} \qquad (2)$$

で与えられる。ただし、v^4以上の項は省略した。右辺の第一項は一次の通常のドップラー効果、第二項が二次の横のドップラー効果である。運動する原子のスペクトル線のドップラー効果の測定は以前からあったが、一次のドップラー効果が大きいので、二次のドップラー効果の測定には不確定さが小さくなかった。分子線の実験でθを九〇度にすれば一次のドップラー効果は消えるが、分子線にも速度分布があり、観測方向も多少の角度分布があるので、完全に一次の効果をなくすことはできない。水素メーザーをロケットで打ち上げた実験では、横のドップラー効果は理論値を仮定して重力による赤方偏移を確かめたと考えられるが、重力による赤方偏移に理論値を仮定して横のドップラー効果を調べたとすると、理論値と1.4×10^{-4}の範囲で一致したという結論になる。

最近、非線形レーザー分光では、飽和吸収、あるいは二光子吸収によって一次のドップラー効果のない分光測定ができるようになった。これを利用すれば、高速イオンビームのドップラー効果や

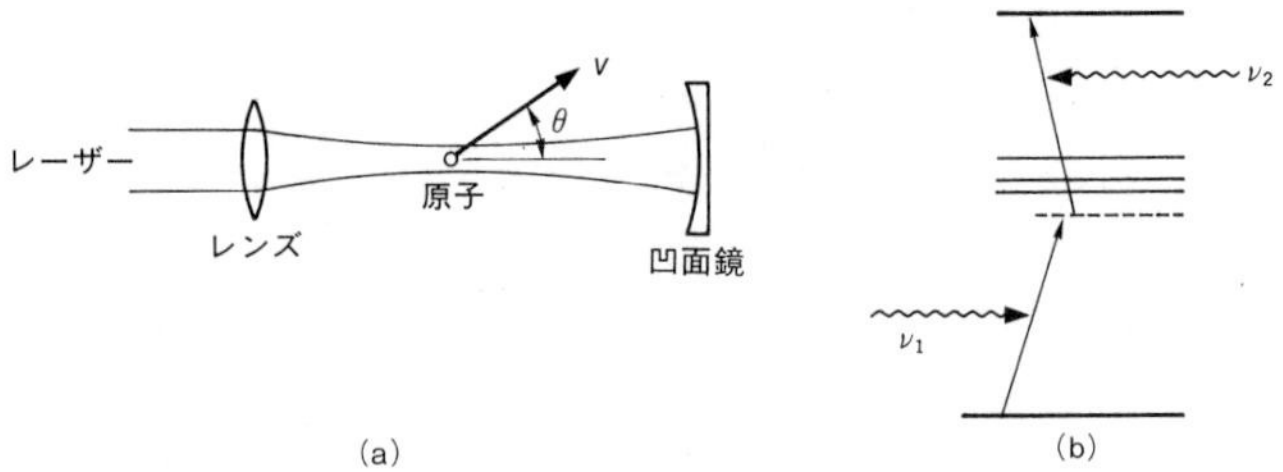

▲図7　2光子吸収レーザー分光法
(a)実験配置．(b)エネルギー準位図．

ミューオンの寿命測定よりもずっと高い精度で横のドップラー効果を測定することができる。二光子吸収法では、図7のようにレーザー光を集束し、凹面鏡で反射させるので、原子には左右逆方向から周波数 ν_0 の光が入射する。原子の速度 v とレーザー光の間の角を θ とすると、原子が左から来る光を吸収する周波数 ν_1 は

$$\nu_1 = \nu_0\left(1 - \beta\cos\theta - \frac{\beta^2}{2}\right)$$

となる。ただし、$\beta = v/c$ である。これに対して、右から来る光を吸収する周波数 ν_2 は

$$\nu_2 = \nu_0\left(1 + \beta\cos\theta - \frac{\beta^2}{2}\right)$$

である。したがって、左から光子一個、右から一個を吸収する二光子吸収では

$$\nu_1 + \nu_2 = 2\nu_0 - \nu_0\beta^2$$

となるから、二次のドップラー効果だけを測定することができる。

実験的には左右のレーザー光は完全には逆向きでないので、一次のドップラー効果がいくらか残る。しかし光学的調整に注意すれば角度誤差は 10^{-4}～10^{-5} ラジアンにできるので、これによる二光子吸収周

波数の測定誤差は10^{-8}〜10^{-10}にしかならない。長くなるので残念ながら実験の詳細は省略しなければならないが、こうしてネオンの高速原子線を用いた一九八四年の実験（発表は一九八五年）では、二次のドップラー効果の測定値は$\pm 4\times 10^{-5}$の精度で理論値β^2と一致する結果が得られた[10]。

また、この装置で二光子吸収周波数の日変化を精密に調べれば、天球に対して片道の光速度が一様であるかどうかを調べることができる。一九八六〜八七年に行なわれた実験では、片道の光速度の異方性は

$$\Delta c/c \leq 3\times 10^{-9}$$

という精度で検出されなかった[11]。さらに一九九三年には、この実験と低速度のネオン原子の二光子吸収の実験から、二次のドップラー効果、すなわち特殊相対性理論の時計の遅れが2.3×10^{-6}の精度で成り立つことが検証されている[12]。これらの実験方法についてもここに述べる余裕がないので、原著論文(10)〜(12)を参照していただきたい。

●

特殊相対性理論が正しく、古典的エーテルは存在しないとしても、地上の実験室は完全な慣性系ではないので、そのために時間空間がわずかながら歪んでいると考えられる。このような現代的エーテルの効果を検出しようという実験はまだ一つも成功していないので、これからも実験物理学者の挑戦は続けられるだろう。

マイケルソン-モーレー型の実験以外に、質量テンソルの異方性や等価原理の破れに関する高精

度の現代的実験も行なわれているが、これまでのところ、いずれも否定的結果に終わっている。微小な静的歪みの検出は困難なので、重力波の検出が最有力候補かもしれない。*9 重力波観測のための干渉計が、原理的にマイケルソン-モーレーの実験装置と同等であることはいうまでもなかろう。

参考文献

(1) T. E. Cranshaw, J. P. Schiffer and A. B. Whitehead: Phys. Rev. Lett. **4**, 163 (1960).
(2) R. V. Pound and G. A. Rebka: Phys. Rev. Lett. **4**, 337 (1960).
(3) J. P. Cederholm *et al.*: Phys. Rev. Lett. **1**, 342 (1958); J. P. Cederholm and C. H. Townes: Nature **184**, 1350 (1959).
(4) R. F. C. Vessot *et al.*: Phys. Rev. Lett. **45**, 2081 (1980).
(5) T. S. Jaseja *et al.*: Phys. Rev. **A133**, 1221 (1964).
(6) A. Brillet and J. L. Hall: Phys. Rev. Lett. **42**, 549 (1979).
(7) R. J. Kennedy and E. M. Thorndike: Phys. Rev. **42**, 400 (1932).
(8) D. Hils and J. L. Hall: Phys. Rev. Lett. **64**, 1697 (1990).
(9) H. P. Robertson: Rev. Mod. Phys. **21**, 378 (1949); R. M. Mansouri and R. U. Sexl: J. Gen. Grav. 8, 497, 515 and 809 (1977).
(10) M. Kaivola *et al.*: Phys. Rev. Lett. **54**, 255 (1985).
(11) E. Riis *et al.*: Phys. Rev. Lett. **60**, 81 (1988).
(12) R. W. McGowan *et al.*: Phys. Rev. Lett. **70**, 251 (1993).

補注

*1　惰性系ともいう。慣性の法則、すなわちニュートンの運動の第一法則が成り立つ時間空間の座標系。

＊2　ここにνはスペクトル線の周波数。$\Delta\nu$はスペクトル線の半値全幅。

＊3　向きといってもよいが、この場合、向きを逆にしても（角度を一八〇度変えても）変わらないので、水平面内の方向を意味して方位ということにする。

＊4　米国マサチューセッツ州の最南端、ラウンドヒルポイントにある石造りの建物の地下にあるワインの貯蔵庫。

＊5　free-running. レーザーの温度や励起強度などは制御しても、発振周波数はフィードバック制御しないで、発振するままにしておくこと。

＊6　ついでながら、筆者が最初にメタン安定化レーザーを提案し、その安定度がきわめて高いことを国内では一九六七年、国際会議では一九六八年に発表した。[K. Shimoda : IEEE Trans. Instr. Meas. **IM-17**, 343 (1968)]

＊7　ファラデー回転を利用して一方向にだけ光を通すようにした非相反素子で、ここではイットリウム鉄ガーネットの結晶に磁場をかけた光アイソレーターが用いられた。

＊8　反射率が非常に高く、散乱損失がきわめて少ない反射鏡は波長三・三九マイクロメートルでは得られないので、六三三ナノメートルを用いた。

＊9　二つのブラックホールの合体で生じた重力波が二〇一五年九月十四日に観測された。[B. P. Aboot *et al.* : Phys. Rev. Lett. **116**, 061102 (2006)]

9章　メーザーの実験

レーダーの影響

第二次世界大戦で発達したレーダーが戦後の科学技術に与えた影響は小さくない。[1] レーダー装置をほとんどそのまま利用して、気象レーダーや電波測量が始まり、レーダーアンテナと受信機を転用したり改造したりして電波天文学が発展した。戦前の一九三〇年代の初期に、ベル電話研究所のK・ジャンスキーは二〇メガヘルツの受信機に不規則な電波が受信されるのを発見し、それが銀河中心方向から到来することがわかったので、宇宙雑音（cosmic noise）とよんだ。しかし、この観測はアマチュア無線家のG・レーバーによって引き継がれただけで、天文学者その他の専門家の関心を引かなかった。宇宙雑音もその後観測された太陽雑音も、無線通信のじゃま者にすぎないと見なされていた。最初にあげた気象レーダーでも、戦前から電波の異常反射と気象との関係は研究されていたが、レーダーが気象観測に役立つと認められ、その研究開発が促進されたのは戦後のことである。

戦時中は欧米でも日本でも、かなりの物理学者と理工系の学生が軍用レーダーの研究開発に動員された。彼らが戦後、研究室に戻って物理実験を再開したとき、実験室にラジオ技術教科書やRadio Amateur's Handbookがもち込まれた。以前は、真空管は不安定でとても物理測定には使えない状態で、ガイガーカウンターの計数回路がようやく一九三〇年代の中ごろから原子核実験や宇宙線観測に用いられ出しただけだった。シンクロスコープや増幅器が物理実験室に普及するようになったのは、戦後のことである。そして、パルス技術や低雑音増幅器を使った物理実験が始められた(2)。

もっと直接にレーダー技術の恩恵を受けて発展したのは、加速器と電波分光と半導体物理である。高出力で高周波を発振するレーダー送信機用の真空管が多数製造され備蓄されていたので、戦後放出されたこれらの真空管を利用したり、その製造技術を活用したりして高エネルギーの加速器が建設された。レーダーは、使用波長が短いほど標的を検出する空間分解能が高いので、より短波長のマイクロ波真空管、マイクロ波の回路素子と回路技術が競って研究開発された。マイクロ波レーダーの送信機にはマグネトロンが用いられ、受信機では局部発振器にクライストロンを使い、ミクサーにはシリコンダイオードが使われるようになった[*1]。真空管ミクサーは、周波数が高くなるほ

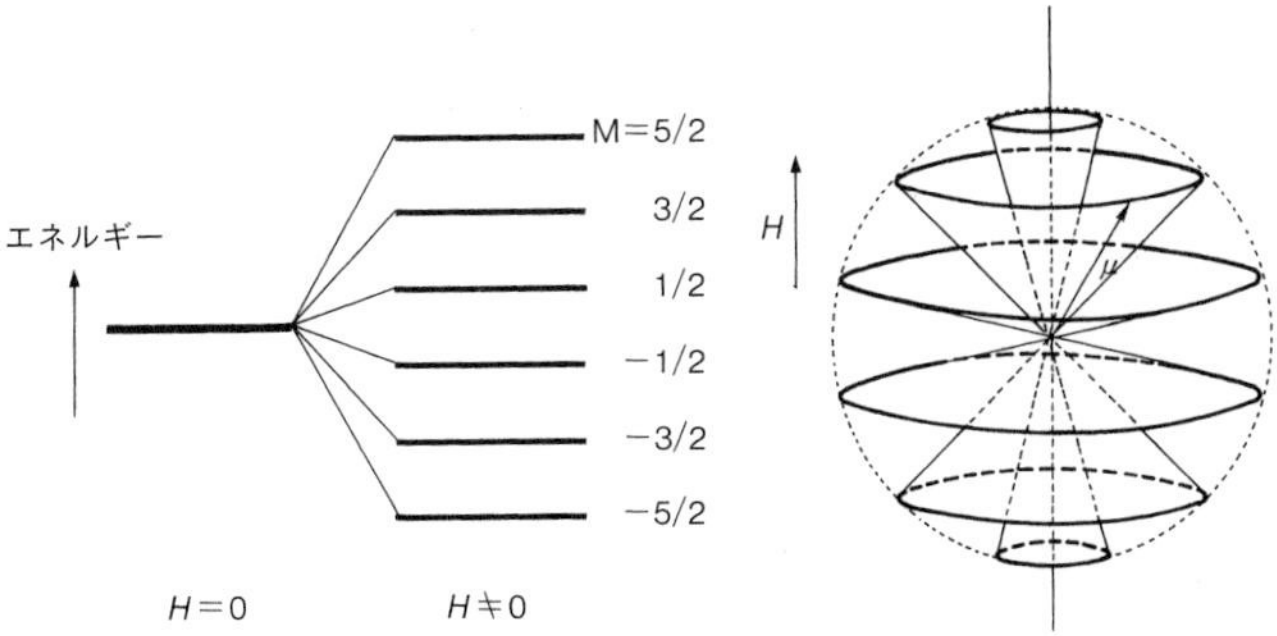

▲図1　$J=5/2$ の原子の磁場によるエネルギー準位の分裂

ど感度が低下して、マイクロ波では役に立たないからである。

マグネトロン、クライストロン、導波管、空洞共振器、高周波回路技術などを利用して著しく発達した電波分光については次に述べるが、シリコンダイオードの研究からは、半導体の物性物理学的研究が始まった[3]。半導体を精製して試料の純度を高め、制御された不純物を入れて、p型、n型半導体をつくるようになった。そしてpn接合や表面状態の研究が進められて、一九四八年にトランジスターが発明された[4]。

磁気共鳴

コロンビア大学のI・I・ラビは、一九二七年に渡独し、ハンブルグ大学のW・パウリのもとで理論物理学の研究をしていたが、同大学でO・シュテルンが研究していた原子線・分子線の実験[*2]に興味を引かれてO・シュテルンの研究室に出入りしていた。彼は一九二九年に帰国してコロンビア大学の講師になり、原子線や分子線を使って原子核の磁気モーメントや原子の超微細構造を調べる研究に取りかかった。そして、水素と重水素の核磁気モーメントを測定する原子線の実験[5]・[6]をしている間に、もっと精密に核磁気モーメントを測定する方法を考えた。

磁場の中で方向量子化している原子のエネルギーWは、核磁気モーメントをμ、原子核の角運動量（核スピン）をJ、その方向量子数をM、磁場の強さをHとすれば図1のように分裂し、

$$W = -\mu MH/J$$

$$M = -J, -J+1, \cdots, J-1, J$$

となっている。そこでプランク定数をhとすると、この原子に周波数が

$$\nu = \mu H/J\,h \qquad (1)$$

の高周波磁場をかけたとき、原子の方向量子数Mは$M+1$または$M-1$に変わる。そうすると原子が不均一磁場から受ける力が変化するので、原子線の進行方向が変化するはずである。

そこで、高周波磁場の周波数を変えながら原子線の偏向を観測していれば、式(1)の共鳴条件を満たす周波数を知ることができる。高周波をかけないときに、検出器に入る原子数が最大になるように実験装置をつくっておくと、高周波がちょうど共鳴周波数になったとき、検出器の出力は図2のように最小になる。そして共鳴線幅$\Delta\nu$は、速さvの原子が長さLの高周波磁場を通過する時間は$\Delta t = L/v$であるから、$\Delta\nu \simeq 1/\Delta t = v/L$となる。たとえば$v = 500$ m/s, $L = 5$ cmとすると、$\Delta\nu \simeq 10$ kHzとなる。初期の実験でも、一ないし一〇〇メガヘルツの共鳴周波数が測定されたので、この方法で核磁気モーメントが〇・一パーセント以上の精度で測定された[7]。

この方法は原子線磁気共鳴、分子を使うときは分子線磁気共鳴とよばれ、式(1)の周波数は核磁気モーメントが磁場の中で歳差運動（precession）する周波数である。この実験技術は、核磁気モ

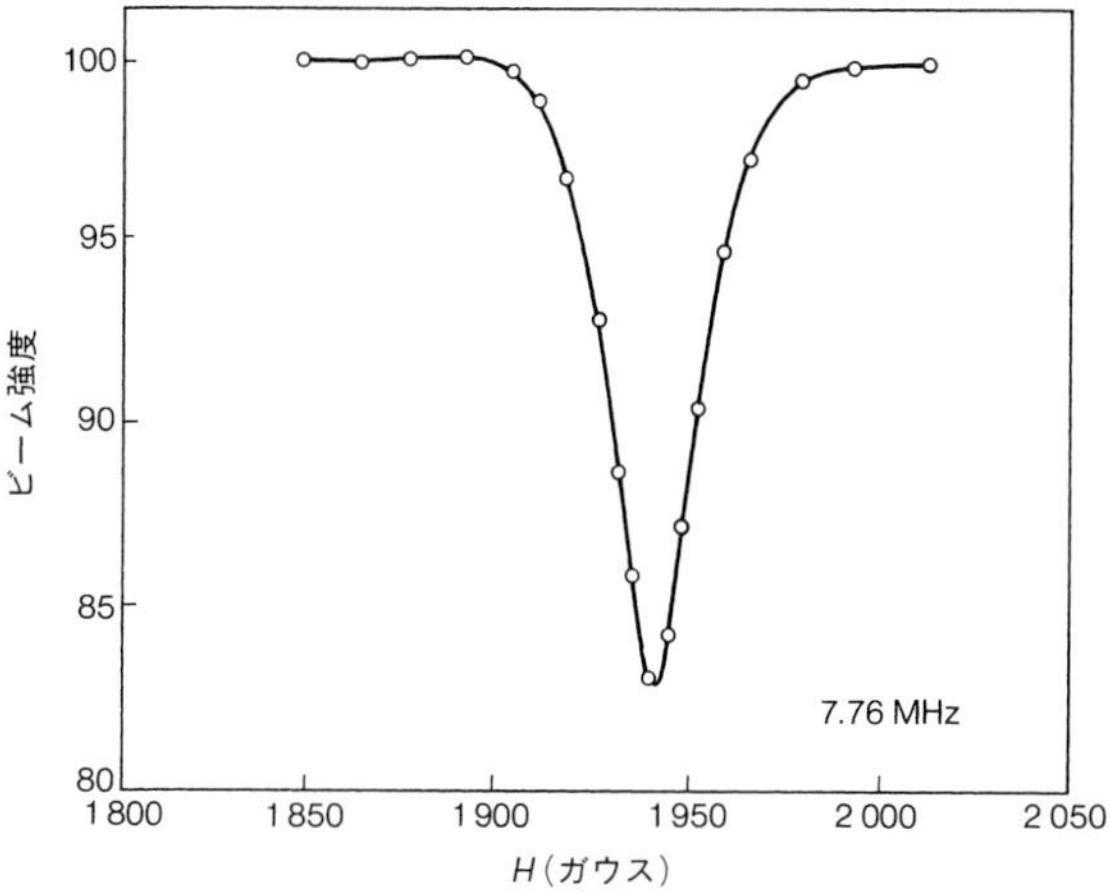

▲図 2　NaF の分子線磁気共鳴で観測された F 原子核の共鳴（文献 10 より）

ーメントと核スピンの測定のほか、核電気四極子モーメント、原子または分子の超微細構造、ラムシフト、電子の異常磁気モーメントの研究など数々の成果をもたらしたが、本筋からそれるので省略しよう。

高真空中の原子線や分子線でなく、液体や固体の磁気共鳴は、一九四四年ソ連のカザン州立大学のE・ザボイスキーによる常磁性共鳴吸収の実験が最初であったが[8]、戦時中のことで、筆者らが知ったのはだいぶ後であった。ザボイスキーは波長一〇センチメートルのマグネトロンで実験したが、戦後一九四六年にピッツバラ大学のD・ハリデーらはレーダー受信機の波長三センチメートルのクライストロンを使って、明瞭な常磁性共鳴吸収を観測した[9]。英国のJ・H・E・グリフィスは戦時中、クライストロンの研究開発に従事していたが、戦後オックスフォード大学に戻って強磁性体のマイクロ波特性を研究していた。そして、磁場をかけて実験したとき偶然に一九四六年、強磁性磁気共鳴の現象を発見した[10]ということである。

常磁性共鳴と強磁性共鳴は電子スピン共鳴（Electron Spin Resonance, 略してＥＳＲ）とよぶこともあり、その共鳴周波数は原理的には式（1）で表される。ただし磁場中で歳差運動するのが核磁気モーメントでなく電子の磁気モーメントであるから、核磁気モーメントの代わりにボーア磁子βを用いて、共鳴周波数は

$$v = g\beta H / h \qquad (2)$$

と表される。ここで、gはg因子（g-factor）とよばれ、試料の種類と温度などの実験条件によって決まる無次元数である。電子の磁気モーメントは核磁気モーメントの千倍くらい大きいので、電子スピン共鳴の観測には数ギガヘルツのマイクロ波が必要になる。

核磁気共鳴（Nuclear Magnetic Resonance, 略してＮＭＲ）も一九四六年にハーバード大学[11]とスタンフォード大学[12]とで実験が成功した。分子線でなく、通常の液体や固体で核磁気共鳴を観測しようとする試みは以前からあったが、実験技術が未熟のため失敗していた。レーダー受信機では、標的から反射されて帰ってきた弱い信号を検出するために、信号対雑音比（signal-to-noise ratio）を高める電子技術が進歩した。雑音の研究から、回路素子の低雑音化が進み、ロックイン増幅または位相敏感検波が発明された。そのおかげで、コイルの中で歳差運動する核磁気モーメントが生じる微弱な電磁誘導起電力、またはその微小な電力損失をブラウン管の画面で観測できたのである。そしてすぐに、縦緩和と横緩和の相違、コヒーレント過渡現象、飽和効果、ホールバーニング（hole burning）などの研究が行われた[12]・[13]。

アンモニア分子のマイクロ波スペクトル

電波分光では、一九三三年にミシガン大学で先駆的な研究が行われていた。アンモニア分子は図3のようにN原子を頂点とするピラミッド形をしているので、(a)が(b)に、(b)が(a)に、量子力学的トンネル効果によってピラミッドが裏返しになることが、数年前から理論的に予想されていた。これを反転振動（inversion）といい、その周波数が一〇～二〇パーセントの精度で計算された[14]。ミシガン大学のH・M・ランドールは一九三三年、アンモニアの遠赤外スペクトルに波数0.67 cm^{-1}（周波数二〇ギガヘルツ）の分裂を見いだした[15]。

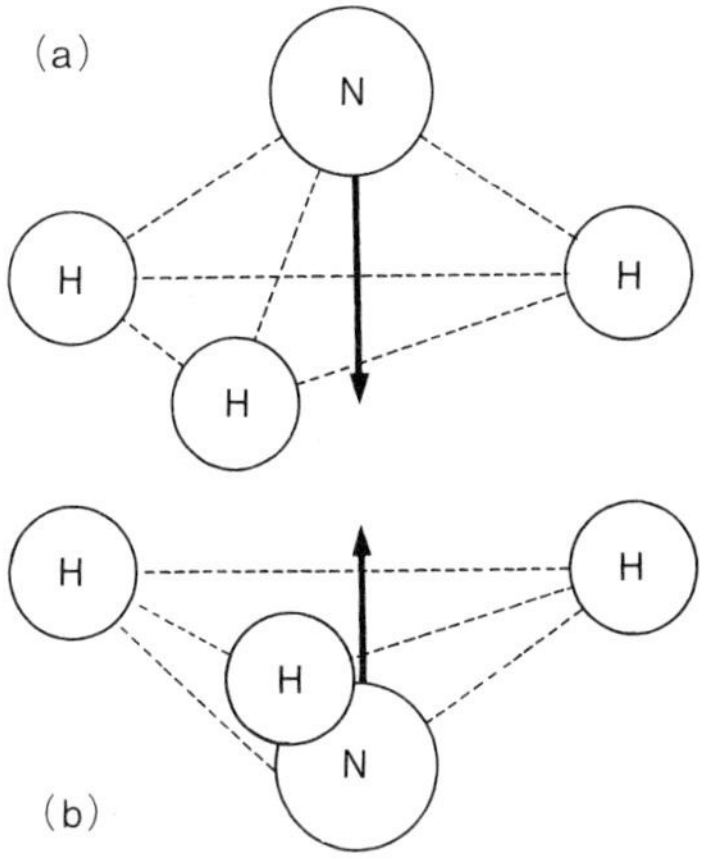

▲図3　アンモニア分子の形
(a), (b)間の振動が反転振動とよばれる.

これは、アンモニア分子の反転振動による振動基底状態のエネルギー準位の分裂と考えられるので、分裂した二つの準位の間の直接の遷移によって二〇ギガヘルツのマイクロ波が吸収されるだろう。

これを実験してみるために、N・H・ウィリアムスは大学院生のC・E・クリートンを指導して、波長一～三センチメートルのマイクロ波を発振する多数のマグネトロンをつくった。マイクロ波の検出には、黄鉄鉱とリン青銅針の鉱石検波器（ダイオード）を用い、波長は金属製のベネチア

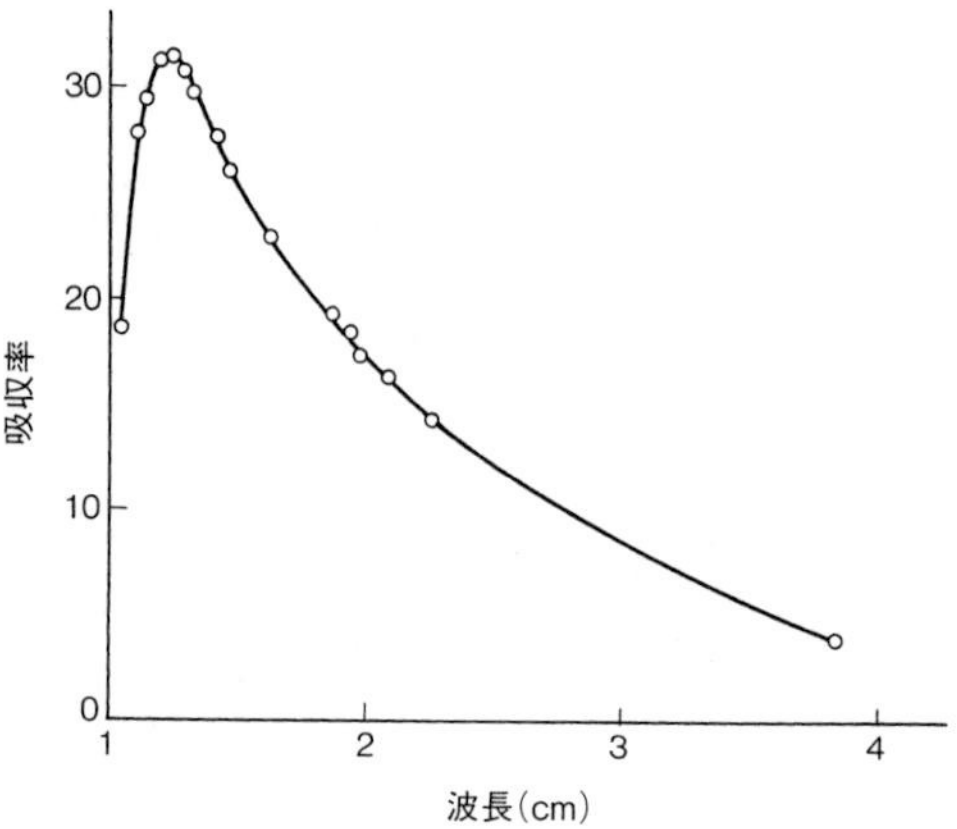

▲図4　1気圧のアンモニアで観測された吸収の波長依存性（文献7より）

ンブラインドのような回折格子[*3]をつくって測定した。得られた最短波長は、陽極半径がわずか〇・二七ミリメートルのマグネトロンによる一・一センチメートルであった。マイクロ波は、放物面鏡でほぼ平行なビームにして、アンモニアガスを入れたゴム引き布のセル（幅一一三センチメートル、高さ九〇センチメートル、厚さ四〇センチメートル）に通して、吸収係数を測定した[16]。こうして波長一・一センチメートルから三・八センチメートルまで測定された吸収係数は図4のようになり、波長約一・二五センチメートル（周波数二四ギガヘルツ）で最大になることが見いだされた。

残念なことにその後一〇年あまりの間、ミシガン大学のこの研究を引きつぐ研究者はいなかった。短波長のマイクロ波の発振器をつくるのは非常に困難だったからである。レーダー用に開発された波長一センチメートル帯のクライストロンを使って、戦後の一九四六年、英米の三研究室で引き続いてアンモニアの高分解能マイクロ波スペクトルの実験が行われた[17]〜[19]。クリートンらが実験したころには導波管がなかったので、大気圧のアンモニアの吸収が図4のように幅広いスペクトルとして測定されたけれども、戦後の実験は導波管に低圧のアンモニアを入れて、その吸収スペクトルを測定したのである。

その結果わかったことは、アンモニアの圧力を下げてゆくと、スペクトル線が何十本にも分かれることであった。これは、アンモニア分子は回転による遠心力で分子の形が歪み、反転振動のポテンシャルが変わるからである。分子の回転も量子化されているので、エネルギー準位は回転量子数（J、K）によって異なり、図5のようになるが、Kがゼロでない準位は裏返し振動により反転二重項になっている。反転二重項の間の遷移が生じる反転スペクトル（inversion spectrum）の周波数はJ、Kによって少しずつ異なり、ミリ波から二センチメートル以上まで分布している。

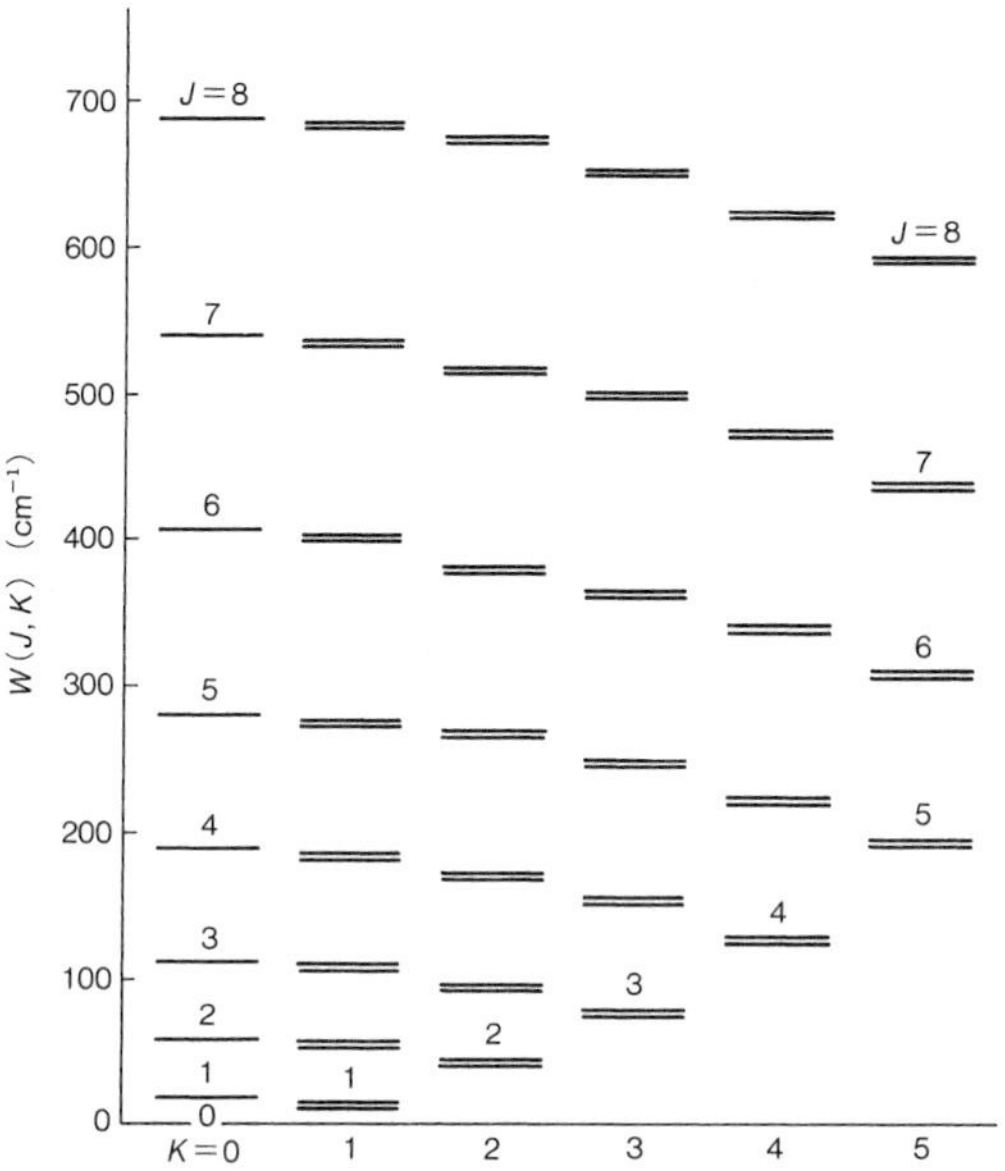

▲図5　アンモニア分子のエネルギー準位
J は分子回転の全角運動量量子数，K は分子軸方向成分の量子数で，反転2重項の間隔は拡大して描かれている．

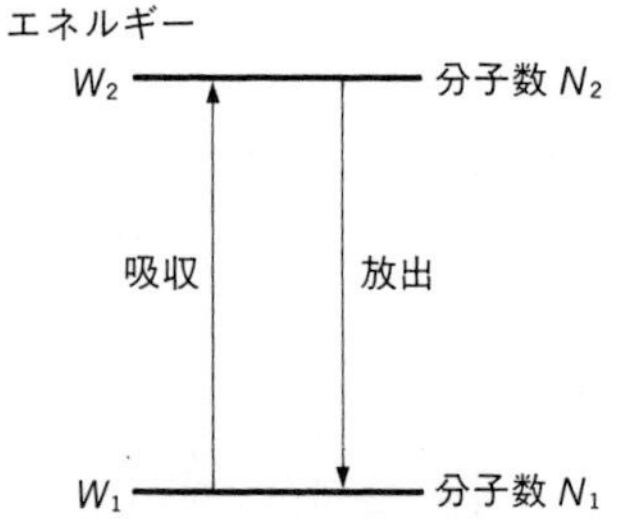

▲図6　2つの準位の間の遷移による光（マイクロ波）の放出と吸収

それまでは、気体の圧力を下げると吸収係数はほぼ圧力に比例して小さくなるので、さらに低圧にすると吸収は観測できなくなると考えられていた。ところが、アンモニアの圧力を一万分の一気圧以下にしても、個々のスペクトル線の幅が狭くなるだけで、ピークの吸収係数は下がらなかった。これは、スペクトルの線幅も積分吸収係数も圧力に比例して変わるからであることがわかった。百万分の一気圧以下では、さすがに吸収は小さくなるが、強い吸収線は高真空にしてもなかなか消えないで残っている。

誘導放出の観測

その後、アンモニア以外にも、いろいろな分子のマイクロ波スペクトルが測定されたが、すべて吸収スペクトルである。光のスペクトルには吸収スペクトルもあるが、たいてい発光スペクトルであって、それは励起原子または励起分子の自然放出が観測されているものである。誘導放出を直接観測することはできないだろうか？

分子が図6のような二つのエネルギー準位W_1とW_2をもつとき、二準位の間の遷移で吸収または放出される周波数 $\nu=(W_2-W_1)/h$ のマイクロ波を考えよう。この分子が、エネルギー密度 ρ のマイクロ波の中にあるとき、上の準位W_2にある分子がマイクロ波光子を放出する確率は

$$p_{\mathrm{emi}} = A + \rho B \tag{3}$$

で与えられる。[20] ここに、Aは自然放出の確率を表し、アインシュタインのA係数とよばれる。そして、ρBは誘導放出の確率を表し、BはアインシュタインのB係数とよばれる。いま、N_2個の分子が上の準位にあると、この分子から放出されるマイクロ波のパワーは

$$P_{\mathrm{emi}} = p_{\mathrm{emi}} h\nu N_2 \tag{4}$$

となる。同様に、下の準位にある分子がマイクロ波を吸収する確率は

$$p_{\mathrm{abs}} = \rho B$$

であって、下の準位にあるN_1個の分子が吸収するパワーは

$$P_{\mathrm{abs}} = p_{\mathrm{abs}} h\nu N_1 \tag{5}$$

となる。

マイクロ波では自然放出の確率は非常に小さい*4ので、式(3)のAを無視すると、下の準位にN_1個、上の準位にN_2個の分子があるときに吸収される正味のパワーは、式(3)、(4)、(5)から

$$\begin{aligned} \Delta P_{\mathrm{abs}} &= P_{\mathrm{abs}} - P_{\mathrm{emi}} \\ &= \rho B h\nu (N_1 - N_2) \end{aligned} \tag{6}$$

で与えられる。

分子はエネルギーが低い状態の方が安定であって、温度Tで熱平衡状態にあるとき、ボルツマン定数をkとすると

$$N_2 = N_1\exp(-h\nu/kT) \qquad (7)$$

の関係がある。したがって、熱平衡またはそれに近い状態では必ずN_2はN_1より小さく、その遷移は吸収スペクトルとして観測される。

もしも励起分子を上の状態にとどめておいて、N_2をN_1より大きくすることができれば、式(6)が負になる。そうすると負の吸収が起こるはずであることを最初に発表したのは、一九二四年R・C・トールマンであった。[21] 熱平衡状態の分布を反転してN_2をN_1より大きくすると、式(7)から温度Tが負になる。熱力学によると負の温度は存在しないから、反転分布をつくることは不可能である、と一般に考えられていた。それでも、レベデフ研究所（ソ連）のV・A・ファブリカントは、光学的に反転分布をつくって負の吸収を実現しようとするいろいろの実験を一九三九年ごろから行なって、[22] 一九五一年には特許も申請している。[23] 彼は、ヘリウム原子の三八九ナノメートルのスペクトル線でセシウム原子を励起する実験もしていたが、誘導放出の観測には成功しなかった。コロンビア大学のW・E・ラムは、レーダー用のクライストロンとシリコンダイオード*5を利用した実験で、一九四七年、水素原子の微細構造にラムシフトを発見した。その実験に使った水素放電管では適当な条件で反転分布ができるので、弱いけれども一ギガヘルツくらいのマイクロ波の誘導放出が起こるだろうと述べているが、[24] それを観測する実験は行なわなかった。

誘導放出が最初に観測されたのは、一九五〇年ハーバード大学のE・M・パーセルとパウンドが核磁気共鳴を使った実験である。彼らはLiF結晶中のLiの核磁気共鳴が強磁場でも弱磁場でも長い緩和時間をもつことを利用し、一〇〇ガウスの磁場を急速に逆向きにして過渡的に負温度状態をつくり、強磁場中でその誘導放出を観測した。[25] ただし、核磁気のエネルギーは非常に小さいので、このとき共鳴周波数のラジオ波の増幅はぜんぜん期待されなかった。

メーザーの着想

このころまでの誘導放出の実験は、反転分布による負の吸収、すなわち放出スペクトルを検出することだけを目的としていて、誘導放出がコヒーレントかどうかを問題にした理論も実験もなかった。反転分布をもつ媒質を導波管や空洞共振器の中に入れると、共鳴周波数の増幅や発振の可能性があるという着想は、一九五一〜五二年に三か所で独立に現われた。

まず、メリーランド大学のJ・ウェーバーはマイクロ波に吸収スペクトルをもつ対称こま型分子に電場をかけ、急速に電場を逆向きにして反転分布をつくろうとした。しかし、この方法では増幅作用が期待できないことがわかったので、常磁性結晶に磁場をかける方法を考察した。これはパーセルらの核磁気共鳴の実験の原理を常磁性共鳴で実験すれば増幅利得が生まれるという提案であって、一九五二年六月オタワで開かれたIRE*6の電子管分科会で発表され、一九五三年に印刷公表された。[26]

この方法は、熱平衡状態にある上下準位の分布を、磁場の逆転によって入れ替えようというものである。そこで、大きな反転分布をつくるためには、はじめに強い磁場か極低温にして、上下の分布に大差をつけておく必要がある。なぜなら、可視光に比べるとマイクロ波は周波数がずっと低く、$h\nu \ll kT$ であるから、熱平衡状態で上下準位の分布はあまり違わない。たとえば、常温で $\nu=$

24 GHzのとき、式(7)から上準位の分布は下準位の九九・六パーセントである。

マイクロ波では、熱平衡状態の分布の上下を入れ替えるより、下の準位の分子を取り除いた方がずっと大きな反転分布ができるはずである。コロンビア大学のタウンズは一九五一年の春、ミリ波の化学作用に関する委員会のため、ワシントン市に来ていた。そして早朝フランクリン公園を散歩中、空洞共振器の中に反転分布にした分子を入れればマイクロ波の発振が起こるかもしれないという考えが心に浮かんだ。すぐに、それにはどれだけの分子数が必要になるかを手元の封筒の裏に計算した。それは毎秒およそ10^{14}個以上のアンモニア分子があれば十分だという結果だったので、これなら少し強い分子線で実現できる[*7]と考えて、その実験を計画した。

これがのちに成功したメーザーの着想であって、一九五一年五月イリノイ大学で開かれたサブミリ波のシンポジウムで、彼の助手によって紹介されたということであるが、講演記録は公表されていない。印刷発表されたのは、一九五三年タウンズが来日講演のさい、質問に答えて、アンモニア分子線メーザーの実験を説明した記録[27]が最初である。

そのころ、レベデフ研究所のN・G・バソフとA・M・プロホロフもメーザー発振器をつくる着想を得て、一九五二年五月モスクワで開かれた電波分光学会で講演発表し、その論文は一九五四年に印刷発表された[28]。彼らの考案はタウンズのものと非常によく似ている。分子線に不均一電場をかけて反転分布をつくり、それを空洞共振器の中に入れてマイクロ波の増幅や発振をさせようという計画であった。しかし、アンモニアではなくて、線形分子CsFの十一ギガヘルツの線（$J=1\to0$）で実験していた。$^{133}Cs^{19}F$には他の同位体がなく、双極子モーメントも大きいからである。それで

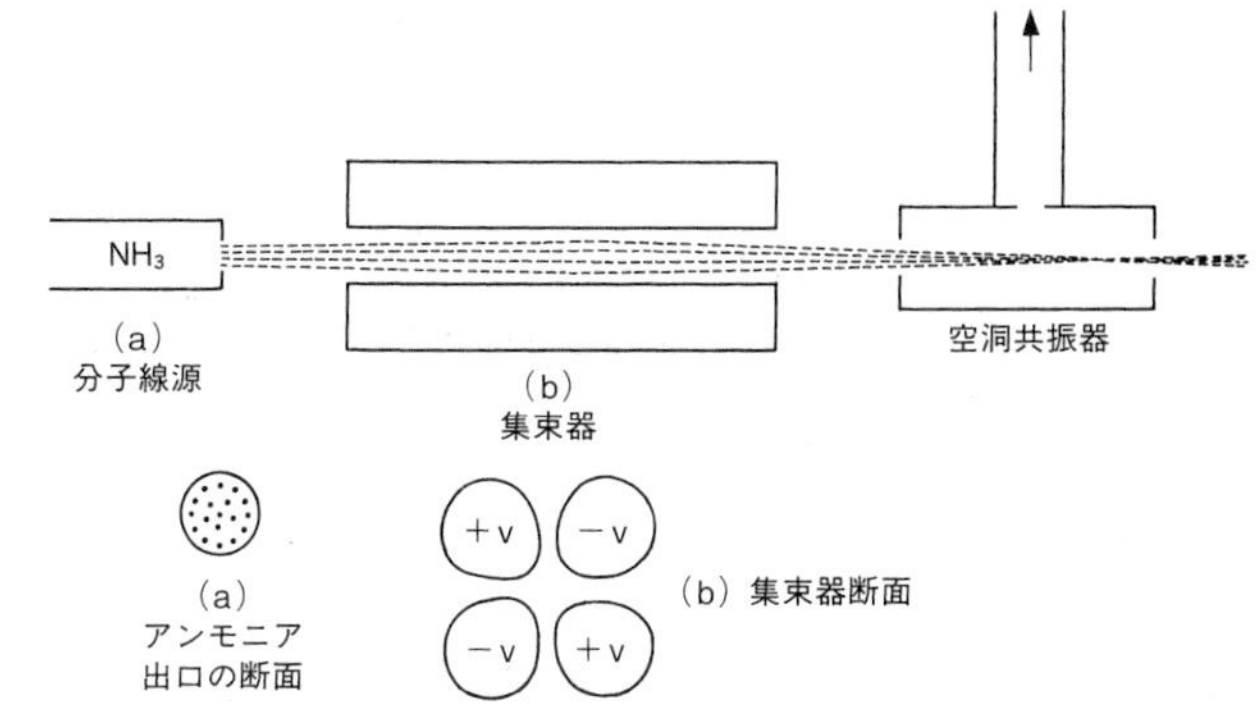

▲図7　アンモニア分子線メーザーの構造

も不均一電場による上下準位の選別力はアンモニアより劣るので、先に成功したのはタウンズのグループであった[29]。

アンモニアメーザーの発振

アンモニア分子線メーザーの構造は図7のようになっている。アンモニア分子は左側にある分子線源を出て、真空中を右方に向かって走る。途中に四本の電極からなる集束器があって、断面図に示すように正負の高電圧がかけられている。集束器の四本の電極の中心の電場はゼロで、中心から離れるにつれて強くなる不均一電場ができる。アンモニア分子の上下準位のエネルギーは、電場Eの中で図8のように変わるので、上準位の分子は集束器の中心軸に向かって力を受け、下準位の分子は外向きの力を受ける。分子にはたらく力はポテンシャルの勾配に比例し、勾配と反対向きになるからである。そこで集束器では上準位の分子が集束され、下準位の分子は発散されるので、右側にある空洞共振器には、ほとんど上準位にある分子だけが流れ込む。

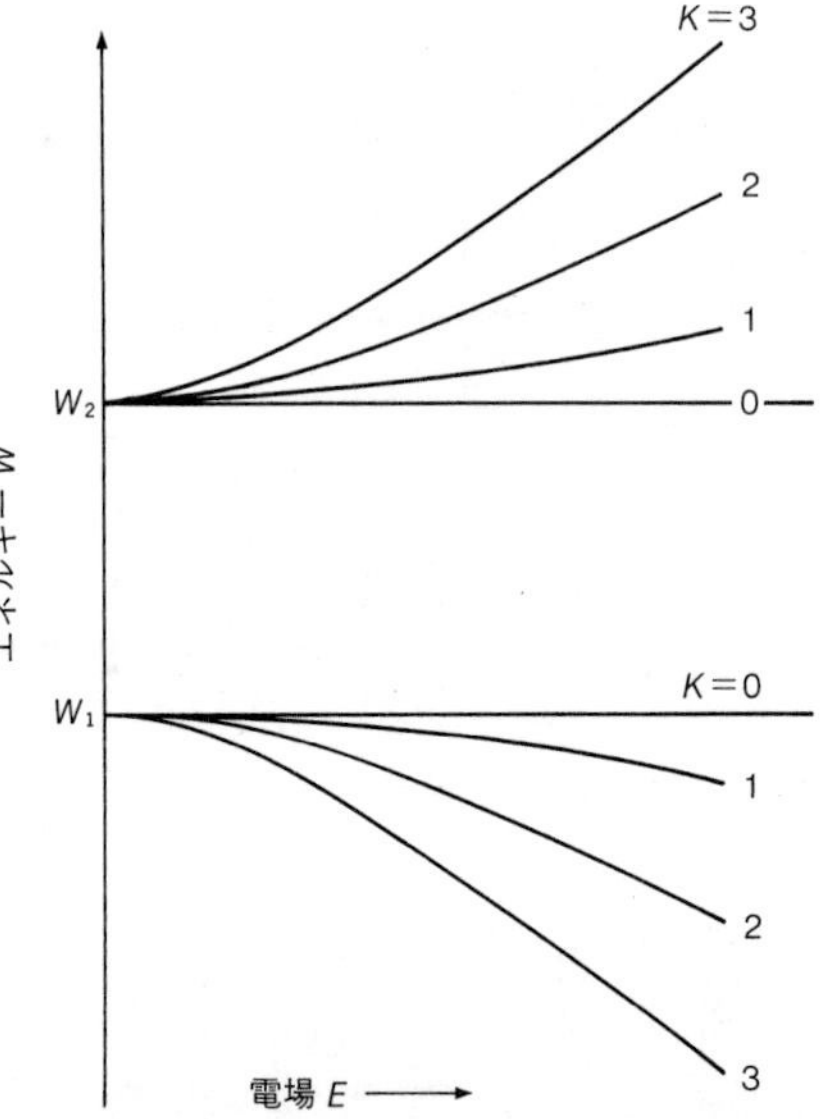

▲図8　アンモニア分子（$J=3$, $K=3$）の2準位のエネルギーの電場 E による変化（シュタルク効果）

空洞共振器をスペクトル線の周波数に同調すれば、空洞共振器の中のマイクロ波雑音が反転分布した分子によって増幅され、誘導放出によって上準位の分子が減少するまでマイクロ波の振幅が増加する。こうして定常発振が起こると、マイクロ波出力は空洞共振器につけた導波管から取り出される。空洞共振器に毎秒最大5×10^{14}個の有効分子が入ったとすると、メーザー発振出力$P=nh\nu$はおよそ10^{-8}ワットとなる。実際には当初予想されたこのパワーの一部分しか取り出せないので、受信されるのはかなりわずかなパワーであるが、レーダー受信機と同じマイクロ波のヘテロダイン受信機を使えば、十分に検出することができる。

このような予想のもとに実験を進めていたコロンビア大学のJ・P・ゴードンらは、一九五四年の早春、アンモニア分子による二四ギガヘルツのマイクロ波の発振に成功した。同年五月に投稿された研究速報は一九五四年七月に発表された(29)。この論文では、この装置をマイクロ波分子発振器と

▲図9　コロンビア大学でつくられたアンモニア分子線メーザー
これは，最初の装置が発振した直後に改良設計してつくられた2号機である．内部が見えるように，真空容器の前面のふたを外してある．装置の下側に3台の真空拡散ポンプがついている．

呼んでいたが、この原理は発振器だけでなく、増幅器、分光計など広く使えるものであると考えて、タウンズがMicrowave Amplification by Stimulated Emission of Radiationの頭文字を集めた頭字語としてMASERと名づけたのは、一九五五年二月であった。

図9はコロンビア大学でつくられたアンモニア分子線メーザーの写真である。タウンズらのメーザーの実験の速報を見て、CsF分子で実験していたバソフは、アンモニアに替えて実験した結果、まもなくメーザーの発振に成功した。図10は、レベデフ研究所でバソフがつくった

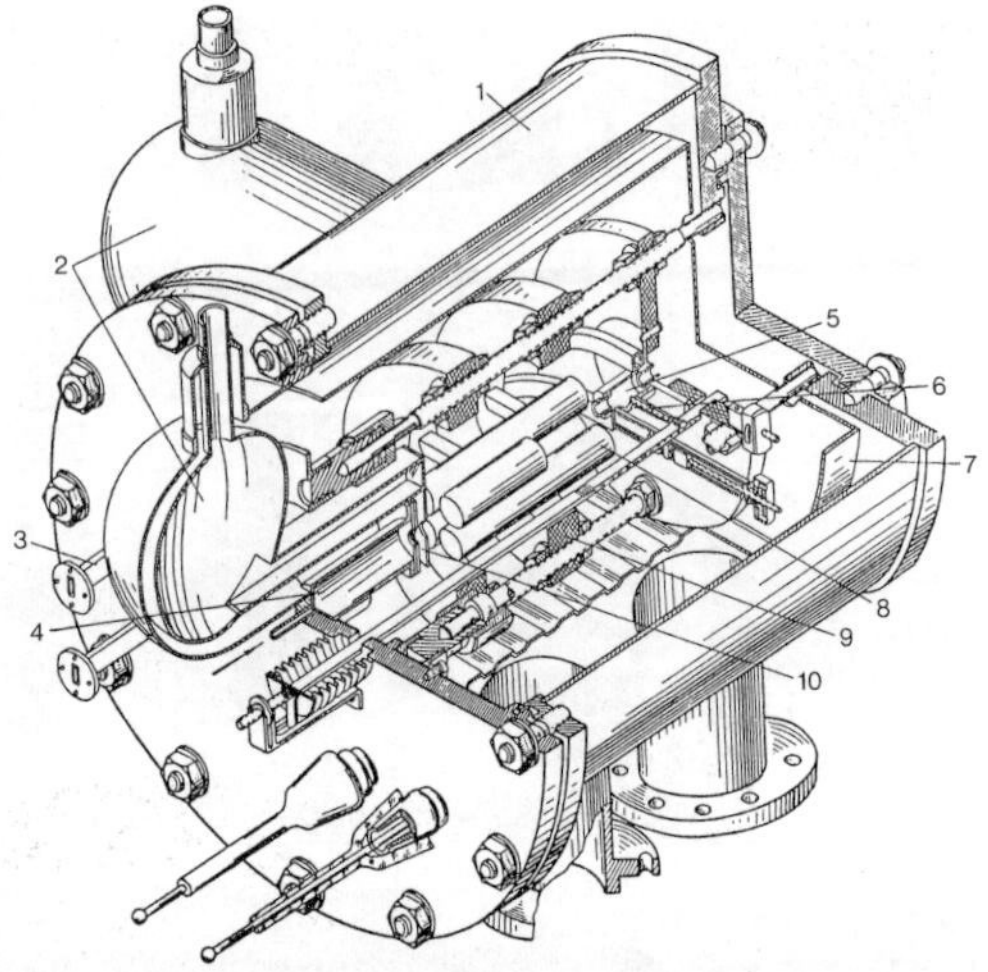

▲図 10　バソフらのつくったアンモニア分子線メーザー（文献30より）
1：真空容器．2：液体窒素トラップ．3：導波管．4：分子線源．5：空洞共振器．6：同調装置．7と10：液体空気で冷却された隔壁．8：選別集束器．9：絶縁物．

アンモニアメーザーの詳細図である[30]。

日本でも欧米でも、バソフの実験はタウンズらの実験より一年あまり後に知られたので、両者の実験装置がよく似た構造なのは、模倣ではないかと思う人が少なくなかったが、それは誤解である。第一に、バソフらがメーザーの原理を提案した論文[28]はタウンズらの実験の報告[29]が印刷発表される二〜三か月前に投稿され、一九五四年十月に印刷発表されている。第二に、両者がまったく同様な四極集束器を使ったのは、両者の考案の偶然の一致ではない。シュテルン-ゲルラッハの実験や、分子線磁気共鳴の実験では、一方向に不均一な磁場をつくるのに非対称形の二極磁石を用いたが、速度分布などの実験では四極磁石を使って分子線を集束することはよく知られていた。磁気モーメントをもつ分子の代わりに電気双極子モーメントをもつ分子を集束するのに、四極磁石の代わりに四電極を使うのは当然である。実際タウンズは、偶然一九五一年にドイツからニューヨークを訪れたW・ポールが四電極を使って電気的に分子線を集束した[31]という話を聞いて、図7の実験を計画したのであった。第三に、図10の装置にはタウンズらの研究速報[29]を読んだだけでは思い付きそうもない優れた工夫があり、これは、以前から実験していなければできなかった考案である。

タウンズらのメーザーでは、不要の分子を除去して高真空を保つために、集束器の電極を中空にして液体窒素を入れていたが、これが書かれている論文[32]が発表されたのは一九五五年八月である。バソフらのメーザーは集束器を中空にして液体窒素を入れるような困難な工作をしないで、球形の液体窒素容器（図10の2）を入れて、そこから熱伝導で冷却した広い面積の金属壁（図10の7）を用いている。この方が工作も容易で高い真空度が得られる。さらに、穴あきの冷却した隔壁（図10の10）を分子線源と集束器の間に入れて、より強い分子線を得ている。したがって、論文発表が数か月前後していても、実験技術の進展を考えてみれば、両者の研究がほとんど独立に進められていたことは明らかである。そこで、タウンズ、バソフ、プロホロフの三名が一九六四年のノーベル物理学賞を分け合ったのは当然である。

メーザー研究のおもな動機は、真空管では短波長のマイクロ波を発生することがますます困難になってきたので、その限界を越えることであった。メーザーは、低雑音増幅器、高感度分光計、周波数標準としての研究とともに、赤外や光の発振器、すなわちレーザーに向かって研究が盛んになった。

参考文献

（1） P. Forman : Rev. Mod. Phys. **67**, 397 (1995).
（2） 霜田光一：科学、二三巻、一八四ページ（一九五三）。
（3） H. C. Torrey and C. A. Whitmer : *Crystal Rectifiers*, McGraw-Hill, New York (1948).
（4） J. Bardeen and W. H. Brattain : Phys. Rev. **74**, 230 (1948) ; Phys. Rev. **75**, 1208 (1949).
（5） I. I. Rabi, J. M. B. Kellogg and J. R. Zacharias : Phys. Rev. **46**, 157 and 163 (1934).
（6） J. M. B. Kellogg, I. I. Rabi and J. R. Zacharias : Phys. Rev. **50**, 472 (1936).
（7） I. I. Rabi *et al.* : Phys. Rev. **55**, 526 (1939).
（8） E. Zaboisky : J. Phys. U. S. S. R. **9**, 245 (1945) ; *ibid*. **10**, 197 (1946).
（9） R. L. Cummerow and D. Halliday : Phys. Rev. **70**, 433 (1946).
（10） J. H. E. Griffiths : Nature **158**, 670 (1946).
（11） E. M. Purcell, H. C. Torrey and R. V. Pound : Phys. Rev. **69**, 37 (1946).
（12） F. Bloch : Phys. Rev. **70**, 460 (1946) ; F. Bloch *et al.* : Phys. Rev. **70**, 474 (1946).
（13） N. Bloembergen, E. M. Purcell and R. V. Pound : Phys. Rev. **70**, 679 (1946).
（14） D. M. Dennison and G. E. Uhlenbeck : Phys. Rev. **41**, 313 (1932).
（15） N. Wright and H. M. Randall : Phys. Rev. **44**, 391 (1933).
（16） C. E. Cleeton and N. H. Williams : Phys. Rev. **44**, 421 (1933) ; Phys. Rev. **45**, 234 (1934).
（17） B. Bleaney and R. P. Penrose : Nature **157**, 339 (1946) ; Proc. Roy. Soc. **A189**, 358 (1947).
（18） W. E. Good : Phys. Rev. **69**, 539 (1946) ; Phys. Rev. **70**, 213 (1946).
（19） C. H. Townes : Phys. Rev. **70**, 665 (1946).
（20） A. Einstein : Phys. Z. **18**, 121 (1917).
（21） R. C. Tolman : Phys. Rev. **23**, 693 (1924).
（22） V. A. Fabricant : Doctoral diss. Lebedev Phys. Inst. USSR (1939).

(23) V. A. Fabricant, M. M. Vudynskii and F. A. Butayeva: USSR Pat. No. 123, 209. 一九五一年六月十八日申請、一九五九年公告。
(24) W. E. Lamb, Jr. and R. C. Retherford: Phys. Rev. **79**, 549 (1950).
(25) E. M. Purcell and R. V. Pound: Phys. Rev. **81**, 279 (1951).
(26) J. Weber: Trans. IRE, Prof. Group on Electron Devices, PGED-3, 1 (1953).
(27) C. H. Townes: 電気通信学会誌、三六巻、六五〇ページ（一九五三）。
(28) N. G. Basov and A. M. Prokhorov: Zh. Eksp. Teor. Fiz. **27**, 282 and 431 (1954).
(29) J. P. Gordon, H. J. Zeiger and C. H. Townes: Phys. Rev. **95**, 282 (1954).
(30) N. G. Basov: Zh. Privori Tekh. Eksper. 1, 71 (1957).
(31) H. Friedberg and W. Paul: Naturwiss. **38**, 159 (1951).
(32) J. P. Gordon, H. J. Zeiger and C. H. Townes: Phys. Rev. **99**, 1264 (1955).

補注

*1 日本では、マイクロ波レーダーの送信用高出力マグネトロンは開発が進んで、実用になっていたが、受信用クライストロンの開発は遅れ、局部発振器には小型のマグネトロン、ミクサーには黄鉄鉱が使われていた。

*2 真空中の原子や分子の細い流れ（beam）の実験。原子線を不均一磁場に通すと、原子にはその角運動量の磁場方向成分に比例した力が働くので、原子線の偏向は角運動量の空間成分に比例する。銀の原子線を用いて、不均一磁場による偏向から原子の空間量子化を確認した一九二二年の実験は、シュテルン-ゲルラッハの実験として知られている。シュテルンは、その後も分子線分子の速度分布、電場や磁場の効果などを研究していた。

*3 光学的回折格子ではブレーズ角（回折格子の線間の面の傾斜）が一定なので、特定の波長でだけ回折効率が最大になる。クリートンらのつくった金属の帯板を並べた回折格子は、ベネチアンブラインドとまったく同じように傾きを変えることができ、ブレーズ角が可変で、どの波長でも回折効率最大で使えるように工夫されていた。

*4 周波数 ν の電磁波のモード密度を $m(\nu)d\nu$ とすると、A と B の比は $A/B=m(\nu)h\nu=8\pi h\nu^3/c^3$ となる。すなわち、波長を λ とすると $A/B=8\pi h/\lambda^3$ となるが、B は波長によらないので、A は波長の三乗に反比例する。したがって、可視光の

一万倍以上の波長をもつマイクロ波の自然放出確率Aは可視光の一兆分の一以下になる。

＊5　クライストロン2K41、2K44、2K29を使って3〜10ギガヘルツを発生し、12ギガヘルツはダイオード1N23で2K44の第二高調波を発生して実験に用いた（文献24）。

＊6　The Institute of Radio Engineers.現在のIEEEの前身。

＊7　分子線源の分子数密度をN、線源の出口の断面積をS、分子の平均速度をvとすれば、線源を出る分子数は毎秒NSv個であり、これらの中で共振器に流れ込む有効な分子の割合をΩ、回転量子数（J、K）の準位にある分子の割合を$f(J, K)$とすれば、毎秒共振器に流れ込む有効分子数は

$$n = NSv\,f(J, K)\Omega$$

となる。常温で圧力1トルの気体で$N = 3\times10^{16}\ \mathrm{cm}^{-3} = 3\times10^{22}\ \mathrm{m}^{-3}$，$v = 400\ \mathrm{m/s}$程度であり、$J = K = 3$の回転状態では$f(3,3) > 10^{-2}$であるから、$S = 1\ \mathrm{mm}^2 = 10^{-6}\ \mathrm{m}^2$のとき、$\Omega > 10^{-3}$で、$n > 10^{14}$個毎秒の有効分子が得られることになる。

10章　メーザーからレーザーへ

メーザーのインパクト

一九五四年に成功したアンモニア分子線メーザーは、画期的実験技術として各方面から注目された。それまでは吸収スペクトルとしてしか観測されなかったマイクロ波スペクトルが放出スペクトルとして観測され、それが発振器にも増幅器にもなることがわかったのである[1]。メーザーでは、これまで真空管や半導体のデバイスでは不可能か、または非常に困難と考えられていたマイクロ波測定や新しい実験ができるとの期待が集まった。そして、各種のメーザーの提案とその実験的理論的研究からメーザーを応用する研究まで、メーザー研究のブームが始まった。

メーザー分光学

まず最初にメーザーの威力が実証されたのは、高分解能、高感度のマイクロ波分光実験であった。コロンビア大学のゴードンらは、アンモニア分子線メーザーの発振実験と同時に、アンモニア分子のスペクトルを在来のマイクロ波分光より一桁以上高い分解能で測定した。それによって、アンモニア分子内のHとNの核スピンによって生じる一〇キロヘルツ程度の磁気的超微細構造を詳細に研究することができた(2)。

速さvの分子とマイクロ波がコヒーレントに、すなわち位相を乱されないで、相互作用する長さをLとすると、相互作用する時間は$\Delta t = L/v$となる。そこで、観測されるスペクトル線の幅$\Delta\nu$は、不確定性関係により$\Delta\nu \simeq 1/\Delta t = v/L$になる。気体分子では、相互作用長$L$は平均自由行路で決まるから、圧力が低いほどスペクトル線の幅は狭くなる。分子の種類や温度などで異なるけれども、圧力を〇・〇一トル(七・五パスカル)にすればLは数ミリメートルで$\Delta\nu$はおよそ一〇〇キロヘルツになるが、これ以上圧力を下げてもLは導波管の幅以上には長くならないので、スペクトル線の幅は狭くならないで強度が減るだけである。分子線(分子ビーム)では、分子は相互にほとんど衝突しないで真空中を走るので、Lをいくらでも長く、たとえば一〇センチメートル以上にもできるから、線幅を一〇キロヘルツ以下に狭めることができる。

前章に述べた分子線磁気共鳴の実験では、核磁気共鳴がこの線幅で測定された。マイクロ波の吸収スペクトルを分子線で観測すれば、同様に狭い線幅が得られ、周波数が高いので相対的分解能はそれだけ高くなる。しかし分子線の分子数は多くないので、マイクロ波の吸収は弱すぎて容易には観測できない。それは、下準位の分子による吸収の九九パーセント以上が、上準位の分子による誘導放出で打ち消されているからである。ところがメーザーにすると、上準位の分子だけで下準位の分子がないので、その放出スペクトルが通常の吸収スペクトルの一〇〇倍以上も強く、しかも放出スペクトルの方が吸収スペクトルより観測しやすい。

マイクロ波分光の研究者は喜んで、ホルムアルデヒドなどいろいろな分子のメーザー分光を実験していたが、その喜びは長続きしなかった。集束器で上準位の分子だけを集められるような分子の種類は限られていて、しかもほかの分子ではアンモニアよりずっと集束効率が悪いのに失望した。アンモニアは例外的に幸運な分子であって、分光学者が測定したくなるたいていの分子はメーザー分光に適さないことがわかった。

低雑音メーザー増幅器

真空管や半導体の電子装置では、電子の熱運動による熱雑音を避けることができないが、メーザーでは中性の分子や原子の熱運動は雑音を生じない。メーザーの雑音は励起分子（または原子）の自然放出による量子雑音[*1]だけであるから、電子装置よりずっと低雑音になる[3]。そこで、メーザーは発振器としては周波数ゆらぎが小さく、増幅器としては高感度で微小信号を検出できることが期待される。

分子線メーザーでも低雑音増幅が実験されたけれども、利得帯域幅が狭く、増幅周波数が変えられないのであまり役に立たない。分子線メーザーは二準位メーザーであるが、分子の三準位を使っ

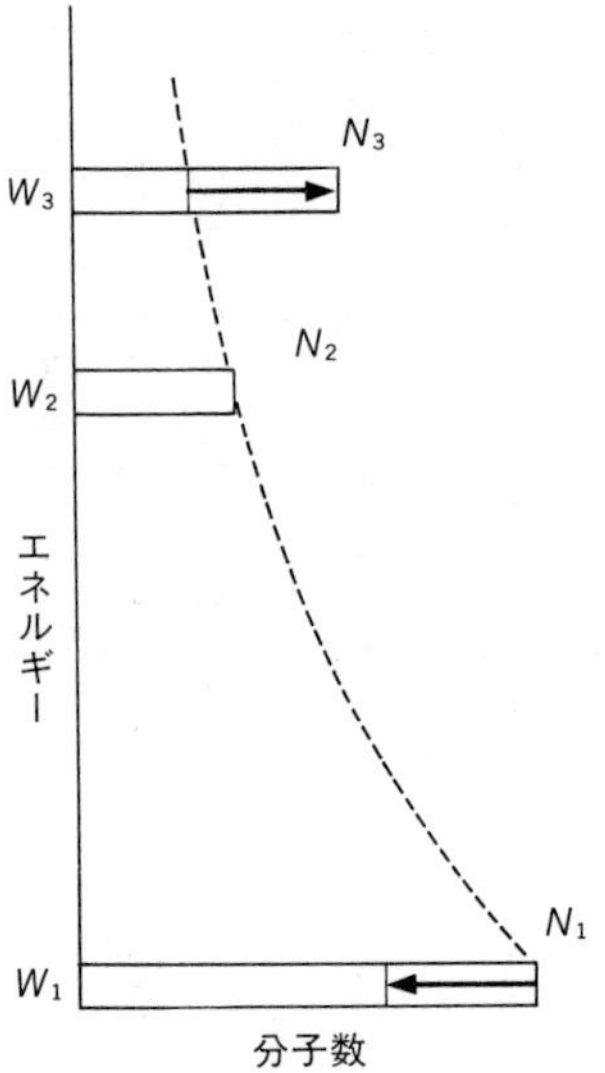

▲図１　３準位メーザーのエネルギー準位図

て上下準位の間の遷移を飽和させると、中間準位と上または下の準位との間に反転分布を生じてメーザーがつくれることを、一九五四年[*2]レベデフ研究所のバソフとA・M・プロホロフが提案した。[4] いま図１のように三つの準位W_1、W_2、W_3をもつ分子が熱平衡状態になっていると、各準位の分子数はエネルギーが低いほど多く、$N_1>N_2>N_3$になっている。図１では分子数をそれぞれ水平方向の長さで表している。次に、周波数が（W_3-W_1）/hの強いマイクロ波を入れて吸収させると、下準位の分子数N_1が矢印のように減って、上準位の分子数N_3が矢印で示すように加わる。そうすると、W_2とW_3との間に反転分布ができるので、周波数（W_3-W_2）/hのマイクロ波を増幅することができる。これが三準位メーザーの原理である。しかし気体分子の三準位メーザーは、分光研究には使えても、増幅作用が弱くて増幅器には使えない。

核磁気共鳴における飽和効果を最初に研究したハーバード大学のN・ブレーンベルゲンは、常磁性結晶の三準位の上下準位を共鳴周波数のマイクロ波で飽和させると、メーザー増幅器ができることを一九五六年に提案した。[5] 適当な常磁性結晶に磁場をかけるとエネルギー準位は数本のゼーマン準位に分裂するので、そのゼーマン準位の三つを利用する。温度が低いほど分布数の差が大きく、

▲図 2　ゴールドストーンにある NASA の受信局の直径 85 フィート（26 メートル）の放物面鏡に取り付けられたルビーメーザー増幅器
上方に見えるのが放物面鏡で集められたマイクロ波を導く導波管．導波管についている円筒形の容器の中にサーキュレーター（単方向性回路）があり，その下にルビーメーザーとその冷凍機がある．（写真は W. H. Higa の提供）

緩和時間が長くなるので、常磁性結晶は通常液体ヘリウムで低温に冷却する。彼の提案したガドリニウムエチル硫酸塩の三準位固体メーザーの実験は、すぐにベル電話研究所で成功した。(6) 一般に三準位固体メーザーは低雑音であって十分な増幅度をもち、しかも磁場の強さを変えることによって増幅周波数をかなり広範囲に変えることができるので、多くの研究室や大学で競って研究が始められた。使用波長や条件によるが、各種の固体メーザーの中でメーザー媒質としてはルビーが優れていることがわかり、電波望遠鏡の受信機などに使われるようになった。(7) 図2は一九六四年七月三一日、最初に月面に到着した探査機レンジャー七号などからの画像信号の受信に使われたルビーメーザーの写真である。

メーザー発振器

真空管やトランジスターの発振器は外部回路によって周波数を変えられるけれども、分子や原子の二準位メーザーはそれぞれ固有のスペクトル線で動作するので、発振周波数はほとんど一定である。実は分子線メーザーの発振周波数もくわしく調べてみると、それに用いる空洞共振器の共振周波数によっていくらか変化し、あまり安定度が高くない。しかし、安定な空洞共振器を同調すれば、精度の高い原子周波数標準、または原子時計になる。それでも、アンモニア分子線メーザーは超微細構造準位があって、理想的な二準位ではないので、その影響で発振周波数の変動や不確かさが 10^{-10} ～ 10^{-9} 程度ある。

ハーバード大学のラムゼイらは一九六〇年、水素原子の基底状態の超微細構造の二準位を用いて一・四二ギガヘルツを発振する水素原子メーザーをつくった[8]。この遷移は磁気双極子遷移なので、上準位の原子を磁気的集束器で選別し、内壁をテフロンなどでコートした容器にその原子を貯蔵することにより、弱い磁気双極子遷移でも発振を可能にしたのである。コートされた内壁と水素原子との衝突のさいの位相シフトによる不確定性が問題として残っているが、最近の水素原子メーザーの周波数安定度は10^{-15}、不確かさが10^{-13}程度の高精度に達している。

メーザー発振器に対するもう一つの期待は、短波長の発振であった。固体メーザーでは、ルビーやルチルの四準位または三準位のパルス発振が研究されたが、短波長の発振は四ミリメートルか三ミリメートルが限界であった。分子メーザーではホルムアルデヒドの四ミリメートルの発振、シアン化水素の三ミリメートルの発振などが試みられたが、実験的にやっと発振を確認できただけで、いずれも使い物になるような発振器はできなかったので、その詳細は省略しておく。

赤外メーザーと光メーザーの提案

常磁性塩のメーザーでは、使える磁場の強さが限られているので、ゼロ磁場分裂を利用しても、あまり短波長のメーザーはできない。分子には、サブミリ波にも赤外にも多数のスペクトル線があるので、適当な遷移を見つければサブミリ波や赤外の発振器がつくれないだろうか？　固体や液体は遠赤外では吸収が大きく、それにスペクトル線の幅が広いので、メーザーに不利であるから、有望な候補は分子または原子であろう。それにしても、短波長になると、自然放出の確率が周波数の三乗に比例して増加するので励起状態の寿命が短くなるし、反転分布の生成も困難になる。また、一ミリメートル以下の波長で使える空洞共振器や導波管ができるだろうか？　これらの問題に対して、センチメートル波で実現されたメーザーとは違った原理で赤外または可視光を発振させるいろいろの考案が出された。その中で、レーザーの誕生につながった研究をたどってみよう。

プリンストン大学のR・H・ディッケは、マイクロ波分光から相対論的天体物理まで独特の研究をした人であるが、一九五六年にファブリー－ペロー（FP）干渉計を空洞共振器の代わりに使うことを考え、特許も申請した[9]。そして、アンモニア分子の回転スペクトルを利用したサブミリ波の超放射（superradiance　過渡的コヒーレント波の発生）を提案した。しかし彼は、より短波長の赤外や可視光ではメーザー発振のしきい値が非常に高くなり、それに必要な反転分布はつくれそうもないと考えていた。ファブリー－ペロー干渉計というのは、二枚の平面鏡を一定の間隔Dで向かい合わせたもので、$2D$が波長λの整数倍になる光の干渉で定常波を生じる。そこで、nを整数とすると、波長が$\lambda=2D/n$の光だけを選択的に透過する。ファブリー－ペロー干渉計は選択性のよい光学的フィルターと見なされる。

ベル電話研究所のA・L・ショーロウは、アンモニア分子線メーザーが誕生した一九五四年には、タウンズと共著で『マイクロ波分光学』の原稿を仕上げるため、毎土曜日にはコロンビア大学のタウンズの研究室に来ていた。彼はメーザーの研究には参加しなかったが、いつも関心をもっていた。そして一九五七年の夏、マイクロ波より短波長のメーザーをつくる方法を考えていた。その年の初秋のある日、ベル電話研究所に顧問として来ていたタウンズと食堂で話し合った。はじめは遠赤外メーザーを考えていたが、すぐに近赤外や可視光の方がよいという考えに二人は一致した。

遠赤外では、物質のスペクトルもその性質もあまりわかっていない。そしてメーザーの発振条件と反転分布の生成条件を検討してみると、遠赤外も近赤外も大差ないと考えられたからである。

なぜなら、前述のように波長が短くなるほど励起状態の寿命は短くなるが、遷移の強さ、したがってメーザー利得は大きくなるからである。もう少しくわしく説明すると、遷移の強さは振動子強度または遷移の双極子モーメントの二乗μ^2に比例するが、励起状態の寿命τはそれに反比例する。そこで、ある一定の割合Rで励起状態の原子（または分子）を供給しているとき、励起状態に維持される原子数nは寿命τに比例し、$n=R\tau$であるが、メーザー利得は$n\mu^2=R\tau\mu^2$に比例するので、τがμ^2に反比例している限り、その大小には無関係になるからである[10]。

次に彼らが考察したのは、モード選択の問題であった。波長よりずっと大きな空洞共振器では、非常にたくさんのモードがある。いくらたくさんモードがあっても、モードによって発振に難易があるので、まず発振しやすい少数のモードで発振が起こるに違いないから、モード選択の必要はないかもしれない。しかし、やはりモード選択する方が望ましい。回折格子を使ったらという話もあったが、二人ともマイクロ波に慣れていたので、四角い箱形の大きな空洞共振器の高次モードについて考えを進めた。高次モードのふるまいを調べていたとき、四角い箱形共振器の向かい合った二つの面を残してほかの四面を取り除くと、大部分のモードは消えてしまって、残された二つの面に垂直に光波が進むモードだけが生き残ることに気がついた。レーザーができた後では、誰でも知っているファブリー-ペロー共振器である。ファブリー-ペロー干渉計は数十年前から知られていたけれども、それがモード選択性の共振器になると指摘した人はいなかった。

『赤外および光メーザー』("Infrared and Optical Masers")と題する彼らの有名な論文[10]は一九五八年八月に受理され、同年十二月に発表されたが、この論文では赤外または光メーザーの媒質の具体的な例として、カリウムなどのアルカリ原子と希土類元素を含む結晶を検討している。カリウムはエネルギー準位とその間の遷移確率も緩和過程もよくわかっているので候補にしたが、カリウムは反応性が強いので、反射鏡を内部に入れられないのが欠点であった。結晶についてこの論文では比較的簡単に、狭い蛍光線幅をもち、蛍光遷移への分岐比、すなわち量子効率の高い結晶が有望であり、気体と違って光励起の条件はむずかしくないと述べている。

この論文のプレプリントは一九五八年の初秋に、各地のメーザー研究者間に行きわたり、光メーザー、すなわちレーザーの実現に向かっての研究競争が激しくなった。後述のように、このときすでにベル電話研究所ではジャバンが放電励起による気体レーザーの研究を始めていたし、半導体レーザーの提案が日本(西沢潤一、一九五七)とフランス(P. Aigrain 一九五八)で出され、ソ連ではバソフらが実験的研究もしていた。コロンビア大学ではカリウムやセシウムの光励起レーザーの研究を始め、ベル電話研究所では固体レーザー用の結晶の研究にとりかかった。このころ、マイクロ波や光学の研究者で光メーザーの研究に入った人が少なくない。

このようにしてメーザーの研究はますます盛んに、そして華々しくなっていった。その後のレーザーの研究や、のちの高温超伝導のブームとは比較にならないが、当時のメーザー研究の過熱ぶりを示す一つの証拠は図3である。これは物理学の代表的なレター雑誌『フィジカルレビュー・レターズ』の一九五九年八月一日号の巻頭言であるが、メーザーに関する投稿論文の激増に音を上げ

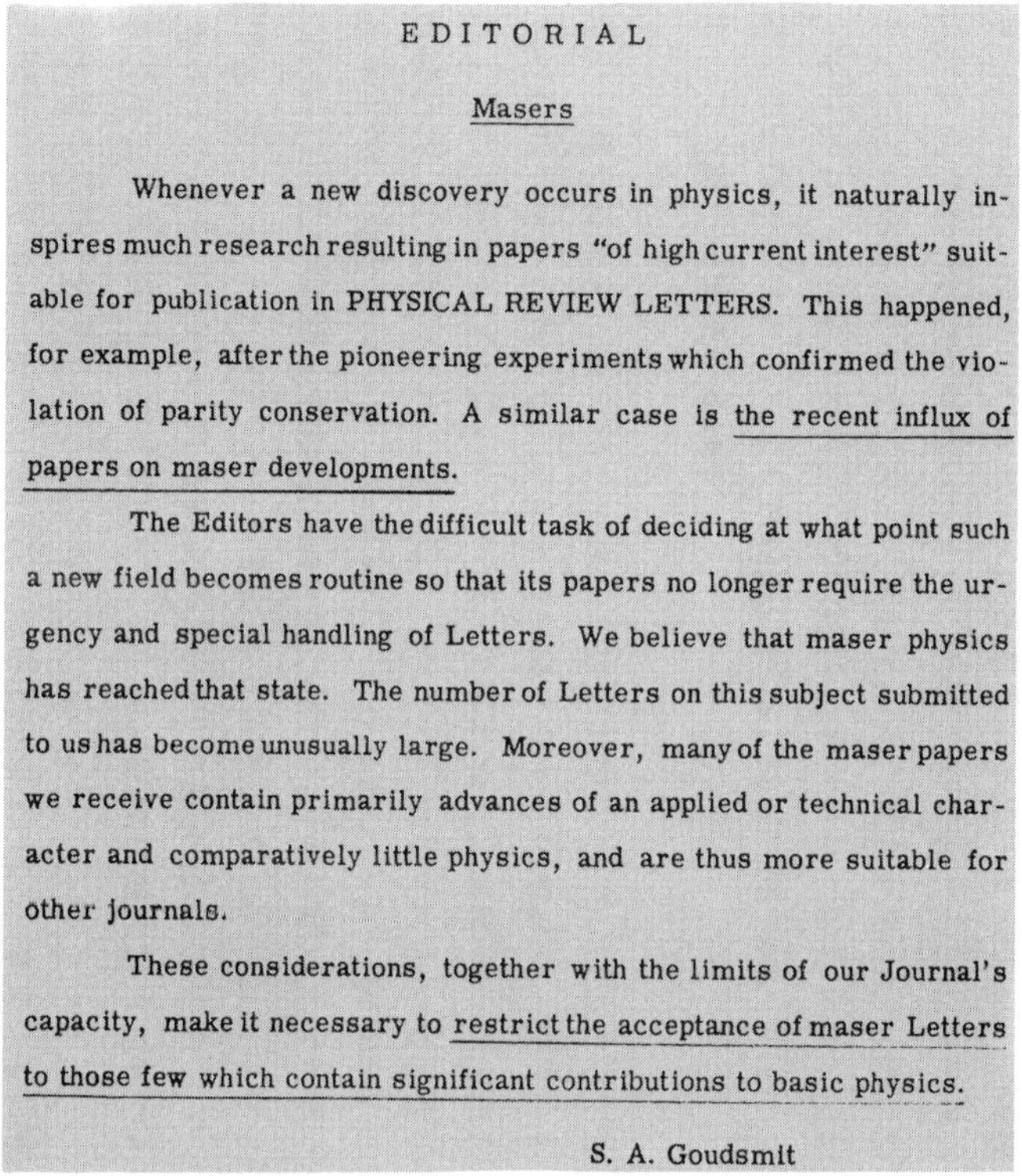
EDITORIAL

Masers

Whenever a new discovery occurs in physics, it naturally inspires much research resulting in papers "of high current interest" suitable for publication in PHYSICAL REVIEW LETTERS. This happened, for example, after the pioneering experiments which confirmed the violation of parity conservation. A similar case is the recent influx of papers on maser developments.

The Editors have the difficult task of deciding at what point such a new field becomes routine so that its papers no longer require the urgency and special handling of Letters. We believe that maser physics has reached that state. The number of Letters on this subject submitted to us has become unusually large. Moreover, many of the maser papers we receive contain primarily advances of an applied or technical character and comparatively little physics, and are thus more suitable for other journals.

These considerations, together with the limits of our Journal's capacity, make it necessary to restrict the acceptance of maser Letters to those few which contain significant contributions to basic physics.

S. A. Goudsmit

▲図3 『フィジカルレビュー・レターズ』第3巻，第3号の巻頭言
アンダーラインは筆者が付けた．

て、もうこれからメーザーの論文は、基礎物理学にとって重要な内容をもっている少数の論文しか受け入れられないといっている。

これについては後にまたふれるが、メーザー研究の波長域が拡大して赤外や可視光に及ぶと、それをよぶのに microwave に由来する maser を使うのはおかしいというので、赤外メーザーを iraser、光メーザーを laser という新語がつくられた。誰が最初にいい出したかわからないが、一九五七年ごろ科学評論家か雑誌記者が使い出したようである。さらに一九六一年には、紫外メーザーを uvaser、遠赤外メーザーを fraser、ラジオ波メーザーを raser という人もあった。学会や専門雑誌では、一九六三年ごろまではレーザーよりも光メーザーの用語の方が多く使われていた。やがて一九六五年ごろからは、光メーザーだけでなく、赤外メーザーも紫外メーザーも含めてレーザーとよばれるようになった。いまではX線レーザーとかガンマ線レーザーという用語も通用しているが、これらは光メーザーをレーザーに替えた論理に従うなら、いい替えなければなるまい。

ルビーレーザーは有望か絶望か

第一回の量子エレクトロニクス国際会議[*3]は一九五九年九月、ニューヨーク州のハイビューにあるシャワンガロッジで開かれた。この会議はコロンビア大学のタウンズが招集したもので、ソ連からバソフとプロホロフのほか二人、日本から三人、欧州から一〇人近い参加者を含めて、メーザーの基礎的研究に熱心な研究者およそ一五〇名が一堂に会し、寝食をともにして語り合った。翌年最初のレーザー発振に成功したヒューズ研究所のT・H・メイマン、引き続いてそれぞれのレーザー発振に成功したベル電話研究所のショーロウとジャバン、IBMのP・P・ソローキンのほか、レーザーの特許を最初に申請したG・グールドも来ていた。

この会議でメイマンは、液体窒素温度でも低雑音で動作するルビーメーザー増幅器について報告した[12]。一般に三準位固体メーザーは、液体ヘリウムで冷却し、電磁石を用いなければならないので、大型で使いにくいものであった。彼はルビーのクロム濃度と温度を変えて緩和時間を測定し、それに基づいて波長三センチメートルを増幅する小型高性能のルビーメーザーをつくっていたのである。ショーロウはこの会議では、基本的には文献(10)の内容を説明したが、レーザー用結晶の候補として、とくにルビーについて論じた[13]。そして、クロム濃度〇・〇五パーセントのいわゆるピンクルビーの六九三ナノメートルの蛍光の線幅と寿命を測定し、励起状態のクロムイオンの磁気共鳴を光学的に検出する二重共鳴法による緩和時間の研究などを一連の論文として発表した[14]。しかし彼は、ルビーは実質的には三準位であるから、反転分布をつくるには基底準位を半分以上励起して空にしなければならないので、レーザー媒質には不適当で、四準位のレーザー媒質の方がよいと述べた[13]。これより先、ウェスチングハウス研究所のI・ウィーダーも、ルビーの蛍光遷移について光-マイクロ波二重共鳴の実験をしていて[15]、この会議でその蛍光効率が低いことを報告した。

ルビーは三準位でしかも量子効率が低いので、ルビーレーザーは絶望的となった。しかしメイマンは、これらの講演を聞いてルビーレーザーの研究に深く興味をもち、メーザーの実験に使っていたピンクルビーで光-マイクロ波二重共鳴の実験を始めた。ウィーダーによれば、ルビーの蛍光効率はきわめて低く、吸収した励起光のエネルギーの一パーセント程度しか蛍光のエネルギーにならない

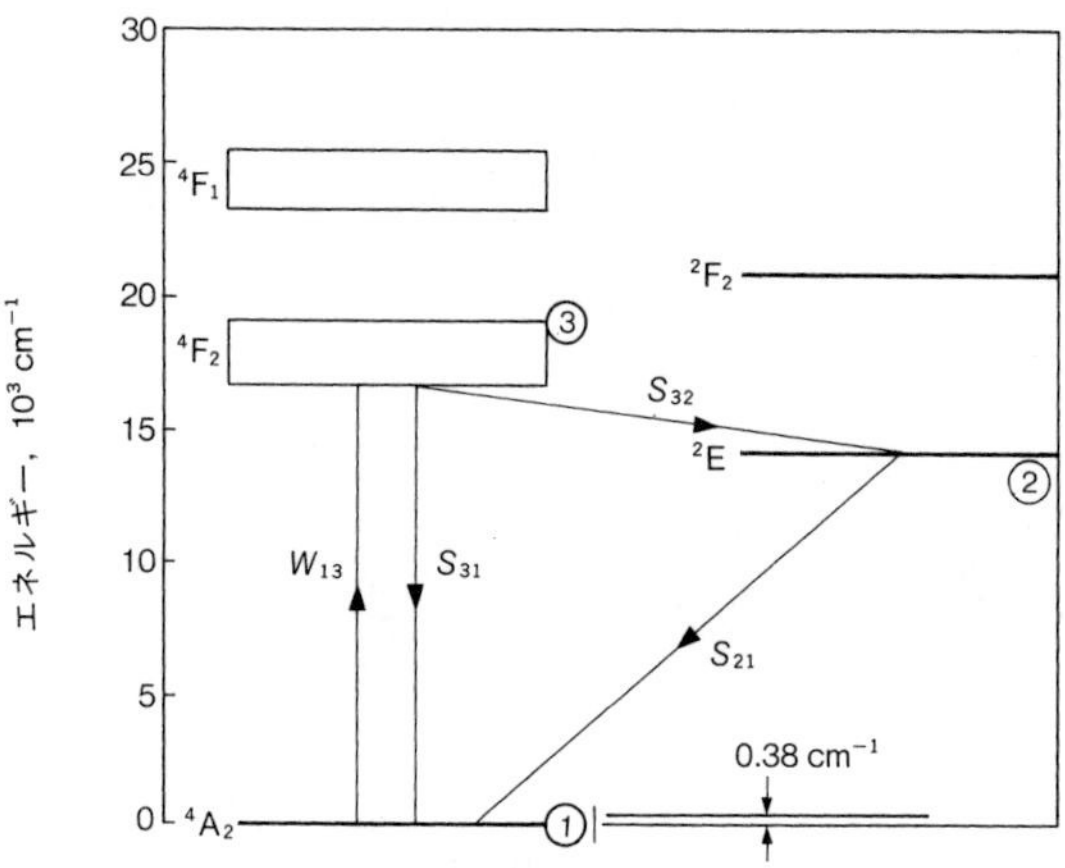

▲図4　ルビーレーザーのエネルギー準位図

ないといっていたが、この測定について質問したメイマンはウィーダーの実験に疑問をもった。そして、ルビーの三準位の間の遷移確率を自分で注意深く測定することにした。

　レーザーに関与するルビーの三準位は、図4の①、②、③である。ルビーに含まれるクロムイオンは波長約五六〇ナノメートルの緑色光を吸収して、準位③に励起される。励起されたイオンの一部は確率S_{31}で基底準位①に放射遷移するが、一部は確率S_{32}の非放射遷移で準位②に移る。準位②から基底準位①への遷移が波長六九三ナノメートルの赤い蛍光を出す。すでにウィーダーやショーロウらの研究によって、準位②に移ったイオンの大部分は蛍光を出すこと、すなわちS_{21}はS_{32}にほぼ等しく、またS_{21}はほとんど自然放出の確率に等しいことが知られている。そこでメイマンはS_{31}とS_{32}を二重共鳴の実験から求め、$S_{31}<4\times10^{6}\mathrm{s}^{-1}$, $S_{32}\simeq2\times10^{7}\mathrm{s}^{-1}$を得た。それによって、ルビーの量子効率は少なくとも〇・八以

上あって、一パーセントどころか一〇〇パーセントに近いことを見いだした。[15] この論文は一九六〇年四月二二日に受理され、六月一日号に発表されている。

ルビーレーザーの誕生

ほかの研究者は、ルビーは三準位系でしかも量子効率が低いというので、ルビーレーザーの研究をあきらめていた。そしてメイマンのルビーレーザーの研究は、社内でもほとんど支持されなかった。しかし彼はルビーの効率が高いことを見いだして、大いに元気づけられた。そこで、遷移確率やその他既知のデータを使って計算してみたところ、やはりルビーは三準位なので反転分布はできそうもない、という結果になった。ほかの結晶も考えてみたが、有望ではない。ルビーレーザーができれば、常温で目に見えるレーザー光が発生され、その装置は小型で使いやすいものになるだろう。希望に燃えた彼は、ルビーで反転分布をつくるのに必要な条件をくわしく調べ、励起光源の輝度温度が決定的であると結論した。

彼の計算によれば、五〇〇〇ケルビン以上の輝度温度が必要であった。しかし、これほど輝度の高い光源は見当たらなかった。白熱電灯は三〇〇〇ケルビン以下、アーク灯でも水銀灯でも五〇〇〇ケルビンには達しない。太陽と同じくらいの輝度が必要なのである。それまで彼は連続光源だけを考えていたが、ふとフラッシュランプなら八〇〇〇ケルビンくらいの輝度のものがあることを思い出した。レーザーを連続発振させる必要はない。少なくとも最初はパルス発振すればよいと考えたので、条件を満足する三種類のキセノン・フラッシュランプを選んで購入した。

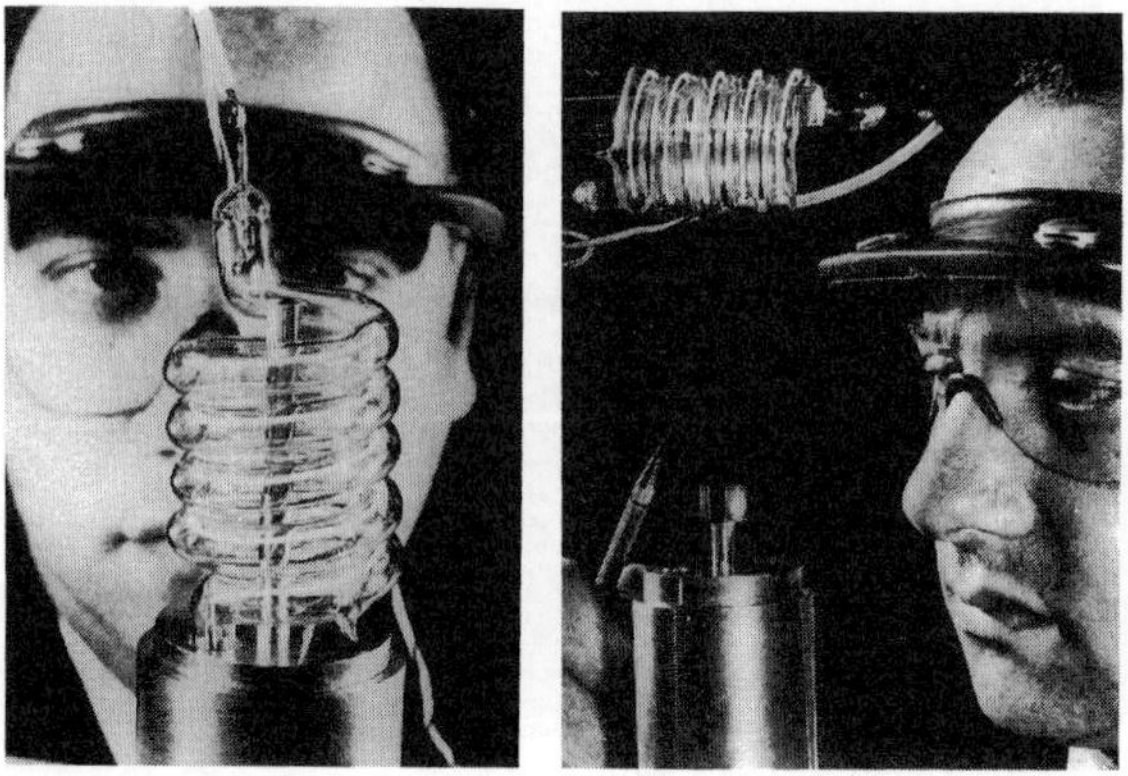

▲図５　新聞発表されたメイマンとルビーレーザーの写真

反射鏡やレンズで集光するのでなく、できるだけフラッシュランプの近くにルビーを置いた方が実効的輝度温度が高いと考えたので、彼はらせん形のフラッシュランプの中にちょうど入る大きさのルビーを入れて実験した。まず、ルビーの基底状態の分布をマイクロ波の共鳴吸収でモニターしながらフラッシュランプを光らせたところ、基底状態の分布が予想どおり減少するのを確かめることができた。そこで、ルビーの二面に銀を蒸着してフラッシュランプの中に入れて実験したが、レーザー発振らしい現象は起こらなかった。それでも、蛍光スペクトルの線幅が狭くなり、同時に蛍光寿命の短くなるのが観測された。これはきっと誘導放出が起こった証拠であると考えた彼は、ルビーの二面を光学的に研磨し直して同様の実験をくり返した。銀を薄く蒸着して一部の光を取り出すようにすると、すぐに銀面がだめになってしまうので、マイクロ波の実験と同じように、銀面に小さな穴をあけて光を取り出すようにした。それがうまくいって、一九六〇年五月に誘導放出による光増幅が観測され

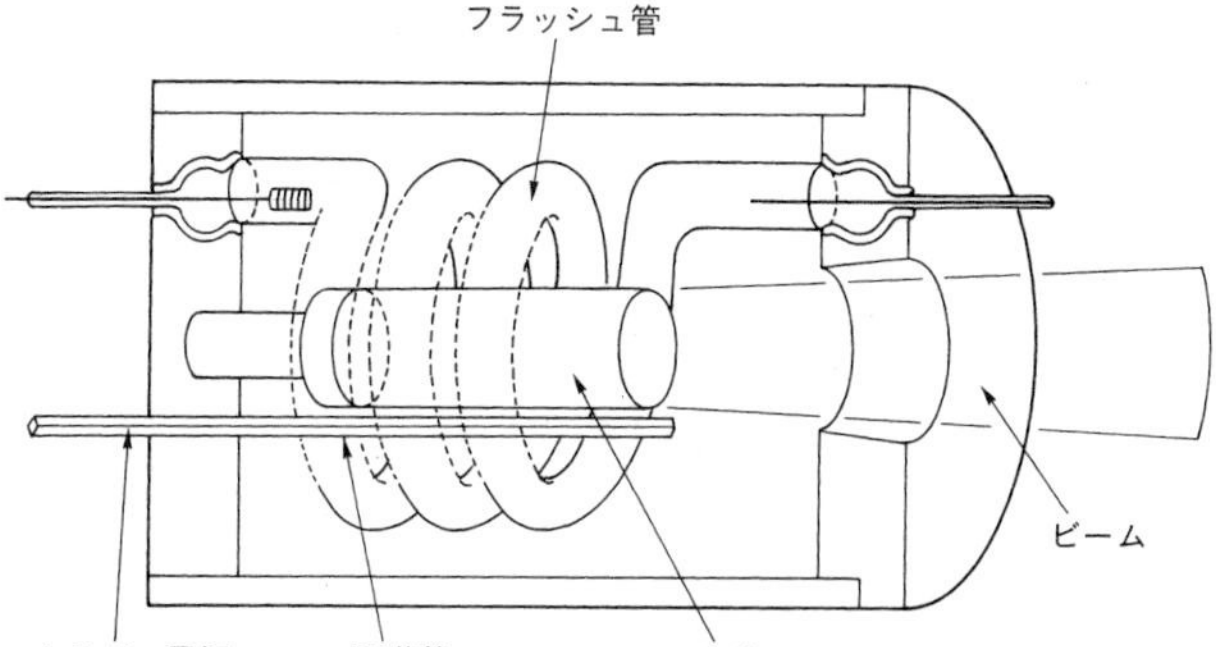

▲図6　文献18に出ているメイマンのルビーレーザー装置の図
図の説明に，外寸およそ1インチ×2インチとある．1インチは2.54センチメートル．

たということである。[16]

実験の再現性を確かめたり、レーザー作用を確かめる実験をくり返して、すぐに研究速報を書き、一九六〇年六月末に『フィジカルレビュー・レターズ』に投稿したが、掲載されずに返却された。返却の理由は公表されていないけれども、前述の巻頭言（図3）の編集方針に照らして、物理的意義の少ないメーザーの研究報告と見なされたらしい。[*4] 結局、ルビーレーザーの実験成功の速報は、英国の国際的雑誌『ネイチャー』の八月六日号に掲載された。[17]

これより先の七月七日、レーザー発明のニュースは『ニューヨークタイムズ』などの日刊新聞に報道されて、たちまち世界中に広まった。このニュース発表に際して、ヒューズ社はメイマンが実際に実験した装置は貧弱で見栄えがよくないというので、大型のフラッシュランプの写った図5の写真を配布した。日本では朝日新聞の八月八日の夕刊で「驚異の新発明レーザー」と題する記事にこの写真が出ている。ところが、翌年の『フィジカルレビュー』に掲載されているメイマンがルビーレーザーの詳細を述べた論文に出ている図の説明では、図6の装置の円筒の外径は約二・五センチメートルで全長約五センチメートルと書かれている[18]。これによれば、フラッシュランプのらせんの外径は、一円玉の直径二センチメートルより小さなものである。新聞報道の写真を見て、それと同じ大型のフラッシュランプを買い、ルビーレーザーをつくり損なった人が少なくなかったという笑い話のようなこともあった。

クロム濃度が高く〇・五パーセント程度の濃赤色のルビーは四準位系で、波長七〇一と七〇四ナノメートルの蛍光を出す。ベル電話研究所でショーロウのグループは、三準位系のピンクルビーより四準位系の濃赤色ルビーに重点をおいて研究していたが、メイマンの成功を聞いてすぐにピンクルビーで実験し、まもなくレーザー発振に成功した。メイマンは最初立方体のルビーを使ったが、ショーロウらは円筒形のロッドを使って性能のよいレーザーをつくった。そして、レーザー光の干渉縞を観測して、そのコヒーレンスがよいことを見いだしたが、ルビーの光学的不均一性から考えて、単一モードではなくて少数モードの発振だろうと結論している。また、緩和発振や指向性についても調べている。この論文は八月二六日に受理され、十月一日号に発表された[19]。さらに、ウィーダーとショーロウらは四準位ルビーレーザーの発振にも成功した[20・21]。

●

学界では、タウンズ、ショーロウ、ジャバンらの仕事はよく知られていて、これはそれで結構なのであるが、メイマンの仕事はあまり認められていないように見える。たいていのレーザーの歴史的解説を見ると、彼は偶然行なった実験が幸運にも成功し、抜け駆けでレーザー発明競争の一番乗りをしたかのように書かれている。ここでは、メイマンが理論的な解析と自ら納得しうる実験結果を積み上げて、着実に実験を計画して成功したことをややくわしく説明した。ルビー以外のレーザー、気体レーザーの実験とその困難などについては、次章に述べる。ここでふれなかった日本における初期のレーザー研究については、文献(22)と(11)を参照していただきたい。

参考文献

(1) J. P. Gordon, H. J. Zeiger and C. H. Townes : Phys. Rev. **99**, 1264 (1955).
(2) J. P. Gordon : Phys. Rev. **99**, 1253 (1955).
(3) K. Shimoda, H. Takahasi and C. H. Townes : J. Phys. Soc. Jpn. **12**, 686 (1957).
(4) N. G. Basov and A. M. Prokhorov : Zh. eksper. teor. Fiz. **28**, 249 (1955).
(5) N. Bloembergen : Phys. Rev. **104**, 324 (1956).
(6) H. E. D. Scovil *et al.* : Phys. Rev. **105**, 762 (1957).
(7) J. A. Giordmaine *et al.* : Proc. IRE, **47**, 1062 (1959).
(8) H. M. Goldenberg, D. Kleppner and N. F. Ramsey : Phys. Rev. Lett. **5**, 361 (1960) ; Phys. Rev. **123**, 530 (1961).
(9) R. H. Dicke : US Pat. No. 2, 851, 652 （一九五六年三月二一日申請、一九五八年九月九日公告）。
(10) A. L. Schawlow and C. H. Townes : Phys. Rev. **112**, 1940 (1958).
(11) 霜田光一：日本物理学会誌、五一巻、一七九ページ（一九九六）。
(12) T. H. Maiman : in *Quantum Electronics*, ed. C. H. Townes, Columbia Univ. Press, New York (1960) pp. 324-332.
(13) A. L. Schawlow : *ibid*. pp. 553-560.
(14) F. Varsanyl, D. L. Wood and A. L. Schawlow : Phys. Rev. Lett. **3**, 544 (1959) ; S. Geschwind, R. J. Collins and A. L.

Schawlow：Phys. Rev. Lett. **3**, 545 (1959)；J. Brossel, S. Geschwind and A. L. Schawlow：Phys. Rev. Lett. **3**, 548 (1959).

(15) I. Wieder：Phys. Rev. Lett. **3**, 468 (1959).

(16) T. H. Maiman：一九八七年日本国際賞受賞講演録。

(17) T. H. Maiman：Nature, **187**, 493 (1960).

(18) T. H. Maiman *et al.*：Phys. Rev. **123**, 1151 (1961).

(19) R. J. Collins *et al.*：Phys. Rev. Lett. **5**, 303 (1960).

(20) I. Wieder and L. R. Sarles：Phys. Rev. Lett. **6**, 95 (1961).

(21) A. L. Schawlow and G. E. Devlin：Phys. Rev. Lett. **6**, 96 (1961).

(22) 霜田光一：固体物理、二九巻、九〇一ページ（一九九四）。

補注

＊1 自然放出は量子力学的現象であるから、自然放出による雑音を量子雑音（quantum noise）という。

＊2 論文4は一九五四年十一月一日に受理され、一九五五年に発表された。

＊3 量子エレクトロニクス（quantum electronics）という用語が公けに使われたのは、この会議が初めてである。当初「量子エレクトロニクスとは、原子・分子・原子核などと電磁波との相互作用を通信・制御あるいは測定などの目的に役立てる学問や技術のことである」といっていたが、その後の量子エレクトロニクスの変遷については、文献11を参照していただきたい。

＊4 レーザーがやがて原子物理学や相対性理論や量子力学の実験に役立つようになったことを考えると、先駆的画期的な投稿論文を閲読評価することが、いかに困難であるかがわかる。標準的理論に反する研究や、周知の事実と異なる実験結果の論文が、学術雑誌から掲載を拒否された実例はこのほかにも少なくない。しかし、メイマンの投稿論文は簡略で実験の要点が書かれていなかったし、物理的重要性や将来性の示唆に欠けていたことも否定できない。それに、学界で認められる前にヒューズ社が派手な新聞発表をしたことも、掲載拒否の原因でなかったか、といわれている。

付記：ABC順の人名、生年月日、生地をまとめて記す。

Pierre R. Aigrain：一九二四年九月二八日ポアチエ（Poitiers, France）生れ

Nikolai G. Basov：一九二二年十二月十四日ウスマン（Usman, USSR）生れ

Nicolaas Bloembergen：一九二〇年三月十一日ドルドレヒト（Dordrecht, Netherland）生れ、米国籍

Robert H. Dicke：一九一六年五月六日セントルイス（St. Louis, USA）生れ

James P. Gordon：一九二八年三月二〇日ニューヨーク（New York, USA）生れ

Gordon Gould：一九二〇年七月十七日ニューヨーク（New York, USA）生れ

Ali Javan：一九二六年十二月二七日テヘラン（Teheran, Iran）生れ、米国籍

Theodore H. Maiman：一九二七年七月十一日ロスアンゼルス（Los Angeles, USA）生れ、二〇〇七年五月五日没

西沢潤一：一九二六年九月十二日仙台生れ

Aleksander M. Prokhorov：一九一六年六月二八日アッタートン（Atterton, Australia）生れ、ロシア国籍、二〇〇二年一月八日没

Noman F. Ramsey：一九一五年八月二七日ワシントン（Washington, USA）生れ

Arthur L. Schawlow：一九二一年五月五日マウントバーノン（Mt. Vernon, USA）生れ、一九九九年四月二八日没

Peter P. Sorokin：一九三一年七月十日ボストン（Boston, USA）生れ

Charles H. Townes：一九一五年七月二八日グリーンビル（Greenville, USA）生れ

Irwin Wieder：一九二五年九月二六日クリーブランド（Cleveland, USA）生れ

11章　レーザーの発明

レーザーの発明者は誰か

レーザーの発明に関しては、二〇年以上にもわたる特許争いがあった。発明者の権利を保護するために特許制度が設けられており、各国の特許庁は毎年、何万、何十万という特許の出願を審査して、新しい発明と認定されたものに特許権を与えて登録し、公告している。いまでは、発明者は個人であっても、出願者や特許権所有者は会社や研究所などになっているのが普通である。

一九五四年にマイクロ波の発振に成功したタウンズのメーザーの発明には一九五九年に米国特許2,879,439が与えられ、ブレーンベルゲンの一九五六年の三準位固体メーザーには一九五九年に米国特許2,909,654が与えられ、ショーロウとタウンズによる一九五八年の赤外および光メーザーの提案には一九六〇年に米国特許2,929,922が与えられ、メイマンの一九六〇年のルビーレーザーには、一九六七年に米国特許3,353,115が与えられている。[1] この他にも多数のメーザーやレーザーに関する特許があるが、特許訴訟の審判で最大最長の抗争になったのが、一九五七年にレーザーを発明したというグールドの特許申請である。[2]・[3] 本書では特許法や法廷の審議には立ち入らないが、彼はどんな研究をしたのだろうか。

一九四一年にユニオン大学を卒業したグールドは、一九五〇年代にコロンビア大学でタウンズ研究室の隣にあるP・クッシュの研究室で大学院生としてタリウム原子線の実験をしていた。タリウムの励起状態を研究するのに、熱的励起や電子線照射を試みていたがうまく行かないでいた。そのとき、ラビから、フランスでA・カストレルが始めた光ポンピング (optical pumping)[*1] をやってみるように指示され、光ポンピングを実験したところ成功した。そのころタウンズのアンモニアメーザーを見て大いに興味をそそられ、光励起方式のメーザー、やがて光励起レーザー (optically pumped laser)[*1] を考えるようになった。一九五七年の十一月、二枚の平行平面鏡の間に入れた媒質を光励起して反転分布をつくればレーザーができるだろう、というアイデアが浮かんだ。そのころ、たまたまタウンズが彼のところにタリウム光源の特性を聞きに来て、タウンズもレーザーの構想を練っていることを知った。もともと発明家を志していた彼は、すぐに自分の考案をノートに書いて、近くの菓子店の主人に見せて十一月十三日に証人として署名してもらった。そのコピーは文献(2)~(4)などに出ている。これはショーロウとタウンズの赤外および光メーザーの研究(一九五八年八月論文受理、同十二月発表）より一年前のことであった。しかしタウンズのノートでは、光周波数のメーザー（A Maser at Optical Frequencies）の計算が一九五七年九月十四日に始められ、九月十六日に続いている。(4)

彼はレーザーの実験をするためにコロンビア大学の大学院を中途退学して、一九五八年にTRG社（Technical Research Group Inc.）に移り、具体的なレーザーの考案を一九五八年十二月のノートに記録し、実験的研究も始めた。そして、レーザーができればその出力を集束したとき加熱効果が強いことを予想して、機械加工やレーザー兵器の可能性を提案した。TRG社は軍用レーザーの研究を防衛先端研究計画庁（Defense Advanced Research Project Agency 略称DARPA）に申請した。これに対して、要求額の三倍あまりの研究費が与えられたが、契約研究は厳しい軍機密扱いになった。彼は一九四〇年代に左翼系団体に所属していたこともあって、彼の創案に基づくこの契約研究に自由に参画することが許されなかった。(2) 余談になるが、ショーロウの回想によると、軍はベル電話研究所のレーザーの研究も軍機密にしようとしたが、ベル電話研究所は機密扱いにするくらいなら、レーザーの研究を全然やめてしまうといって、応じなかったということである。(2)

このころ彼は、セシウムの光励起、ナトリウム-水銀の放電励起、ルビーの光励起などを用いるレーザーを研究していた。メイマンのルビーレーザーやジャバンのヘリウム-ネオンレーザーが成功した後、光励起気体レーザーを最初にセシウムの三マイクロメートルと七マイクロメートルで発振させたのはTRG社の彼らである。(5) 彼はまた、金属蒸気レーザーで高い効率が得られることを指摘して、高温のレーザー管をつくり、マンガン、銅、カルシウムイオンなどのレーザー発振を一九六五年に実現させた。[6]・[7] 一九六七年に彼はブルックリン工科大学（Polytechnic Institute of Brooklyn）の教授になって、銅蒸気レーザーその他の研究をしていたが、一九七三年から企業に移っている。

グールドの特許申請に対して多年の審査、異議申し立て、訂正審判などの経緯があって、レーザーの基本的発明としてはショーロウとタウンズの特許に対して敗訴したが、ついに一九七七年十一月に「光励起固体レーザー増幅器」の米国特許 4,053,845 が与えられた。[1] これは、タウンズ、ブレーンベルゲン、およびショーロウとタウンズの特許の有効期限が切れた後であった。さらに、彼のレーザー応用に関する特許は一九七九年、放電励起気体レーザーの特許は一九八七年に与えられている。[3]

ヘリウム-ネオン（He-Ne）レーザー

コロンビア大学のタウンズ研究室でマイクロ波分光の研究により学位を得たジャバンは、引き続き一九五四年の夏からタリウム原子線メーザー（約二一ギガヘルツ）の実験や三準位メーザーの研究をしていた。そして一九五八年八月ベル電話研究所に移って、すぐにレーザーをつくる準備にとりかかった。彼は固体より気体の方が物理的過程がよくわかるので、気体を使いたいと考えていた。しかし、気体を光励起するのでは、十分な反転分布をつくるのに必要なパワーを入れられるかどうか疑問だったので、放電による衝突励起で反転分布をつくる可能性について調べた。ショーロウもメイマンもグールドもみな、光励起レーザーを研究しようとしていたが、彼だけは放電励起でレーザーをつくろうと考えていた。

二つの準位の間の原子数の分布は、上下それぞれの準位への励起過程とその確率、各準位の寿命と緩和で決まることは明らかである。しかし、気体放電の中の原子について、これらのデータはほとんどわかっていない。そこで彼は、候補とする二準位の励起断面積や寿命などの正確なデータがなくても、物理的考察に基づいて二つの準位の励起過程と緩和の素過程を相対的に検討することによって、反転分布を生じる可能性があるかどうか調べることにした。二つの準位の間に電気双極子遷移が許される条件は、二つの準位の波動関数の対称性が異なることである。そこでまず一成分気体（純粋な気体）について、上準位の自然寿命[*2]が下準位より長い場合と、下準位の自然寿命の方が長い場合に分けて次のように考えた[(8)]。

上準位の寿命が長くて下準位の寿命が短いのは、下準位から基底状態への遷移が許され、上準位からは禁止されている場合である。このときは気体の圧力は数ミリトル（約一パスカル）以下にしなければならない。なぜなら、高圧では下準位からの共鳴蛍光が自己吸収で閉じ込められて、下準位の実効的寿命が長くなるからである。低圧気体では、電子衝突による基底状態から上準位への直接励起確率は小さく、下準位へは大きいので、これでは反転分布はできにくい。しかし別の準位（第三準位）を経由してゆく過程では、上準位への励起確率の方が大きくなり、かなりの反転分布が予想できる。

次に、上準位から基底状態への遷移が許されていて上準位の寿命が短いときには、気体の圧力を高めにすると、上準位の実効的寿命が共鳴蛍光の閉じ込めによって長くなる。しかし、下準位から基底状態への遷移は禁止されているので、下準位の寿命は延びないで、原子間の衝突によってむしろ短くなるだろう。そして、電子衝突による直接励起確率は下準位より上準位に大きいので、適当な条件で反転分布ができるに違いない。

希ガスにはたくさんのスペクトル線があるが、このような考察をすると、大部分の遷移は反転分布生成の可能性が少ないとして除外され、低圧のヘリウムの遷移や、より高圧でネオンの共鳴蛍光の閉じ込めを利用する遷移など、少数の候補が選び出された。これらは一成分気体の場合であるが、二成分の混合気体で第二種衝突による励起移乗を利用すると、よりよく反転分布ができると思われる。

第二種衝突というのは、準安定励起状態の原子A^*が基底状態の原子Bに衝突して、原子Bをイオン化または励起状態B^*にする衝突現象である。[*3] 式で書くと

$$B + A^* \rightarrow B^* + A$$

と表され、原子Aの励起エネルギーが原子Bに移される。そして、A^*とB^*のエネルギーが近いときに衝突断面積が共鳴的に大きくなる。これを利用して反転分布をつくる候補として、彼はヘリウムとネオンの混合気体を選び出した。図1は、ヘリウムとネオンのエネルギー準位の一部である。ヘリウムの2^3S準位とネオンの2s準位のエネルギーがほとんど等しいので、両者の間で第二種衝突の断面積が大きくなる。

彼は、反転分布の候補のそれぞれについてレート方程式によるくわしい解析を行なったが、数値的に計算するのに必要な各準位の寿命、準位間の遷移レートと圧力依存性、各準位の原子間の衝突

断面積、電子衝突断面積などの値は知られていなかった。そこで、電子ビームでネオンやヘリウムを励起して、いろいろの準位の寿命と励起確率を測った。そして、反転分布の最有力候補と最適条件を決める実験を計画した。その実験装置の概略を描いたのが図2である。光源は周波数一九キロヘルツでオン・オフし、被測定放電管は一キロヘルツでオン・オフする。被測定放電管を通った光と通らなかった光との強度差を検出して、その検出電流の変動から二〇キロヘルツ(一八キロヘル

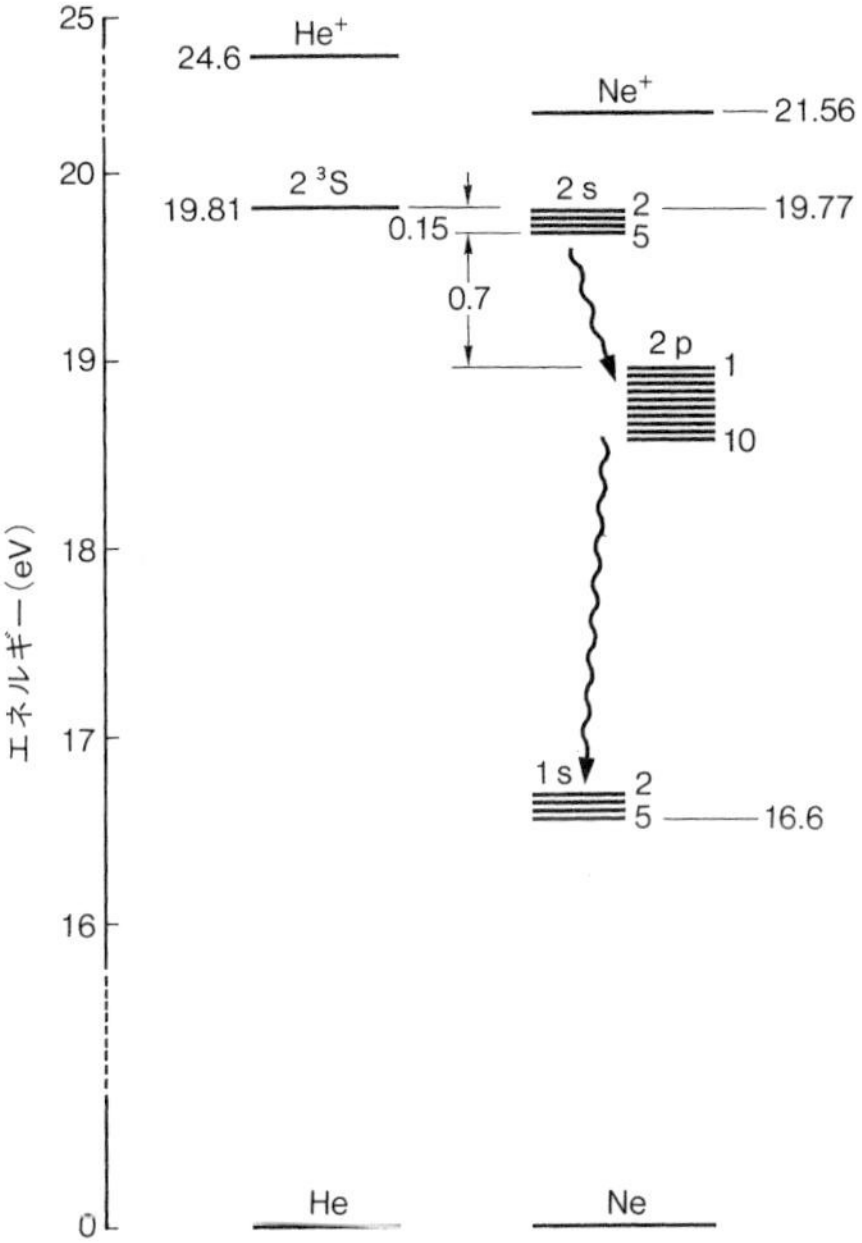

▲図1 ヘリウム(He)とネオン(Ne)のおもなエネルギー準位

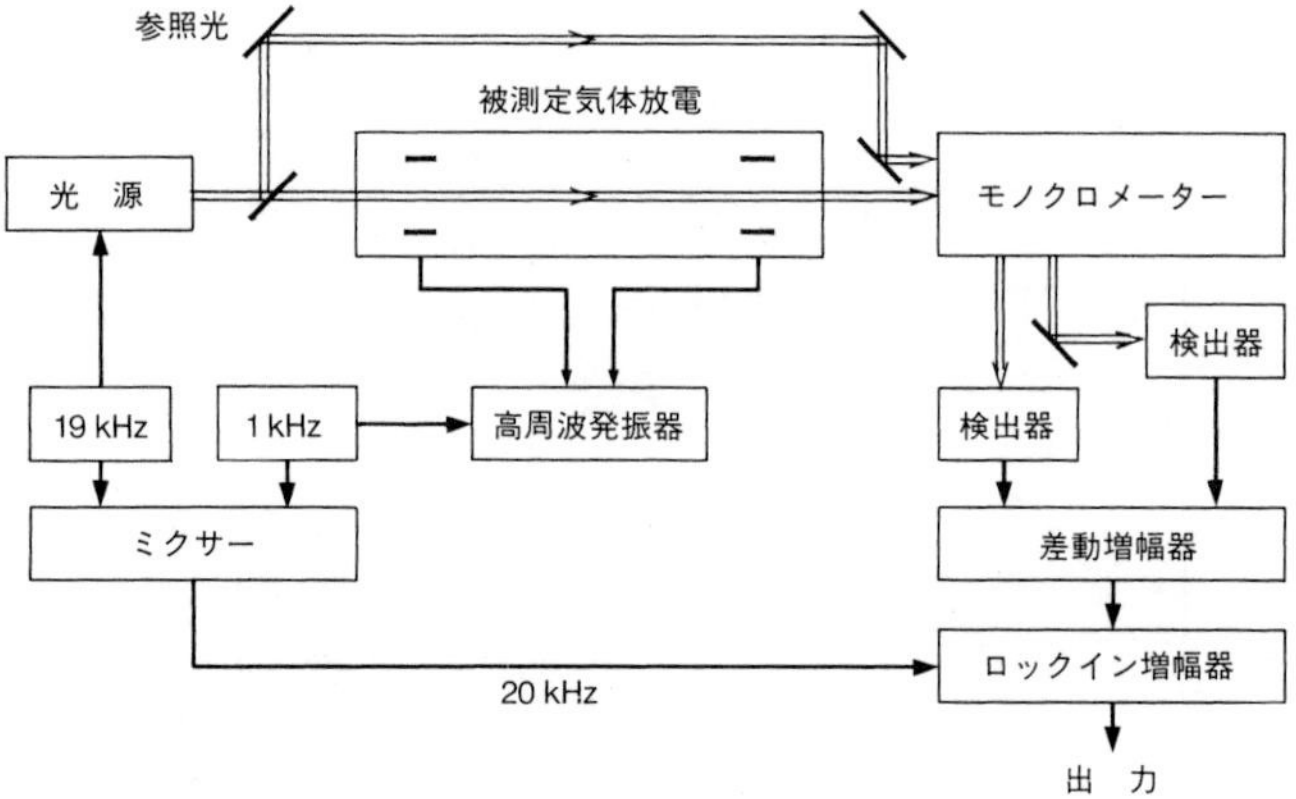

▲図2　気体放電または電子ビーム励起気体の微小な利得（または損失）を測定する実験装置の原理図

ツでもよい）の成分をとり出す。そうすると、光源の明るさの変動や被測定放電管の発光や外界の擾乱を避けて、目的の波長で被測定放電管による微小な誘導放出（または吸収）だけを測定することができる。これは二重ロックイン検出の変調分光と呼んだらよいような巧妙な実験である。

彼は、コロンビア大学時代からの親友で当時エール大学にいたW・R・ベネットと相談しながら研究を進めていた。そしてついにベネットは一九五九年八月からベル研究所に移って、二年あまりの間ジャバンの最良の協力者となった。ベネットは分光学や原子分子過程に強く、そのころ二人はよく夜中まで楽しく研究していた。つぎに、技術員としてE・A・ボーリク[*4]がチームに加わって実験が進捗した。その結果、いろいろの候補の中でヘリウムとネオンの混合がもっともよいことを見いだした。そこで混合比、圧力、放電条件などを変えては図2の装置で測定して最適条件を探し、一九六〇年のはじめに約一%の増幅利得を確認することができた。彼らはその実験結果に自信をもっていたけれども、研究所内でも当時はそれを疑問視する人が少なくなかった。

彼らはヘリウム-ネオン放電管に増幅利得があることを納得させるのに、別に確認実験をして論文発表したりするより、発振させてみせる方がはるかに説得力があると考えた。ベル研究所では研究継続については十分な理解と支持が得られ、とくに光学専門家のD・R・ヘリオットが研究チームに加わることになった。ネオンには多数のスペクトル線があるが、可視域の六三三ナノメートルなどの線よりも赤外の一・一五マイクロメートルの線の方がずっと利得が高く、この波長なら光電子増倍管やガラスの光学素子も使えるので、彼らは一・一五マイクロメートルのヘリウム-ネオンレーザーをつくってみることに決めた。

光を放電管の外に取り出すときには、放電管の窓の吸収や反射による損失を無視できないので、光共振器を形成する反射鏡は放電管の中に入れなければならない。あまり大きな利得は期待できないので、放電管は約一メートルの長さが必要で、反射鏡には高い平面度と反射率が要求される。そのころは赤外用の高性能の反射鏡がなかったが、彼らは面精度が一四〇分の一波長以下の平面鏡をつくり、十三層の誘電体多層膜をつけて、反射率九九%をもつ反射鏡を用意した。この反射鏡を放電管の両端に封入したままで、二枚の反射鏡の平行度を一秒角以内に合わせるのは至難の技術であった。[*5] それに、放電管を焼いてガス出しするときに反射鏡の多層膜がはがれたりするトラブルもあった。

最初はマグネトロンを使ってマイクロ波放電で実験したが、放電管が溶けてしまって失敗した。

▲図3　最初に発振したHe-Neレーザー（ジャバンの提供による）
中央にある放電管は石英ガラス製で，管内には電極がない．放電管の中央と左右の端に近いところに円筒形電極が被せてあり，これに高周波をかけて，無電極放電で管内の気体を励起する．両端のミラーマウントの反射鏡の向きは，マイクロメーターで微細に調整する．右端に見えるのは出力窓で，反射鏡はその内側にあって図では見えない．

そこで次には、約三〇メガヘルツの高周波無電極放電に変更して実験した。利得測定の実験から、放電管の内径は一・五センチメートルとし、ヘリウム約一トル、ネオン約〇・一トルを封入し、最適と思われる放電状態を保つようにした。そして、あらかじめ調整しておいた反射鏡の角度をマイクロメーターねじで微調整しながら、反射鏡の透過光を観測した。放電による温度変化や機械的歪みによっても、微妙な光学調整は狂うからである。注意深い実験を続けるうち、三度目につくった装置でついに一九六〇年十二月中旬[*6]にレーザー発振に成功した。

　すぐに五本の発振線の波長、出力、ビームパターンなどが測定された。そして、多重スリットによる干渉縞やレーザー発振の二成分間のビートスペクトルを測定することによって、多モード発振の様子や発振スペクトル線幅が調べられ、このレーザーのコヒーレンスが非常に高いことが明らかになった。これらの結果を書いた論文は十二月三十日に受理され、一九六一年二月一日号に掲載されている。[10] 図3はこのときのレーザーである。装置の全長が一メートルで、有効な放電長さは約〇・八メートル、放電管とミラーマウント（反射鏡支持）はコバール封じとベローでつながれ、写真で右側の反射鏡は垂直面内で、左側の反射鏡は水平面内で、それぞれマイクロメーターで微細に角度を変えられるようにつくられている。このレーザーとその発振特性の詳細は文献(11)にゆずろう。

半導体レーザーの誕生

ルビーレーザーに続く固体レーザーと、ヘリウム-ネオンレーザーに続く気体原子および分子レーザーの華々しい発展については省略するが、半導体レーザーの実験が成功するまでの研究の経緯を調べてみよう。

一九五七年に渡辺寧と西沢潤一は、半導体のpn接合を共振器と組み合わせてレーザーをつくることを考え、日本特許を与えられている。[12] このころ、フランスでも半導体レーザーの可能性が論じられており、ソ連（当時）でもバソフらの理論的論文がいくつか出されている。しかし、マサチューセッツ工科大学（MIT）のB・ラックスによれば、半導体レーザーの最初の提案は、一九五四年にJ・フォン・ノイマンがJ・バーディーンに宛てた私信だということである。[13]

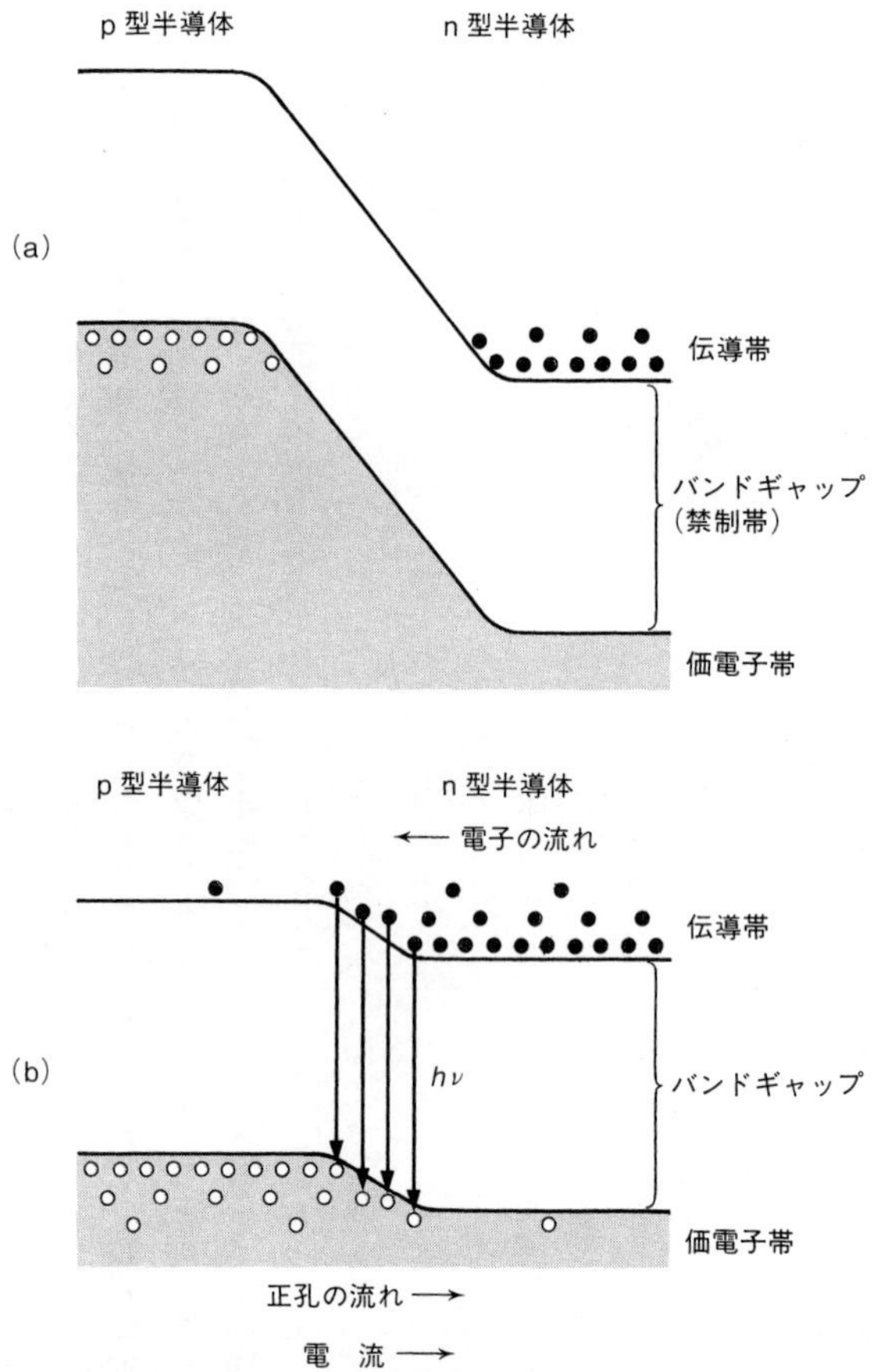

▲図 4　pn 接合のエネルギー準位図（不純物準位は省略）
(a)は電流が流れていないとき．(b)は順方向に電圧をかけ，電流が p 型半導体から n 型半導体に向かって流れて発光しているとき．

ｐｎ接合に電流が流れていないとき、ｐ型半導体とｎ型半導体のエネルギー準位は図4(a)のようになっている。ｐ型半導体にプラス、ｎ型半導体にマイナスの電圧をかけると、エネルギー準位は(b)のようになり、ｐ型半導体からｎ型半導体に向かって電流が流れる。このときｐ型半導体のキャリヤーである正孔はｐ型から接合領域の中に流れ込み、ｎ型半導体のキャリヤーである電子はｎ型から接合領域の中に流れ込む。その結果、接合領域に電子と正孔の両方が存在するので、電子と正孔が結合して光子を放出する。これがｐｎ接合の発光であって、自然放出が主ならば発光ダイオード、誘導放出が強く起これればレーザーになる。一九四八年にトランジスターが発明されたころから、半導体の物理と半導体素子の製造技術が急速に進歩したけれども、一九六〇年以前の半導体レーザーの提案には、あまり積極的な研究の展開が伴わなかった。

一九六〇年のルビーレーザーとヘリウム－ネオンレーザーの成功に刺激されて、半導体レーザーの本格的な研究が始まった。まず、理論的に半導体レーザーの可能性を論じたフランスのＣＮＥＴのＭ・Ｇ・Ａ・ベルナールらの論文[14]が一九六一年末に、引き続いて一九六二年にＩＢＭのＷ・Ｐ・ダムケの論文[15]が発表された。ベルナールらは、伝導帯から価電子帯への直接遷移が有利であることを論じ、有望な材料として、たとえば液体ヘリウム温度のｎ型InSbまたはInAsを提案した。そして間接遷移についても論じ、Znを不純物として含むGeと、Inを不純物として含むSiを提案した。さらにダムケは、レーザー作用の強さは各半導体の光学的吸収係数に関係することを示し、直接遷移と間接遷移とエキシトン[*7]の遷移とを調べた。そして、知られている光学的吸収係数を使って数量的に検討した結果、Geの間接遷移またはエキシトンの遷移はレーザーには不適当であって、レーザ

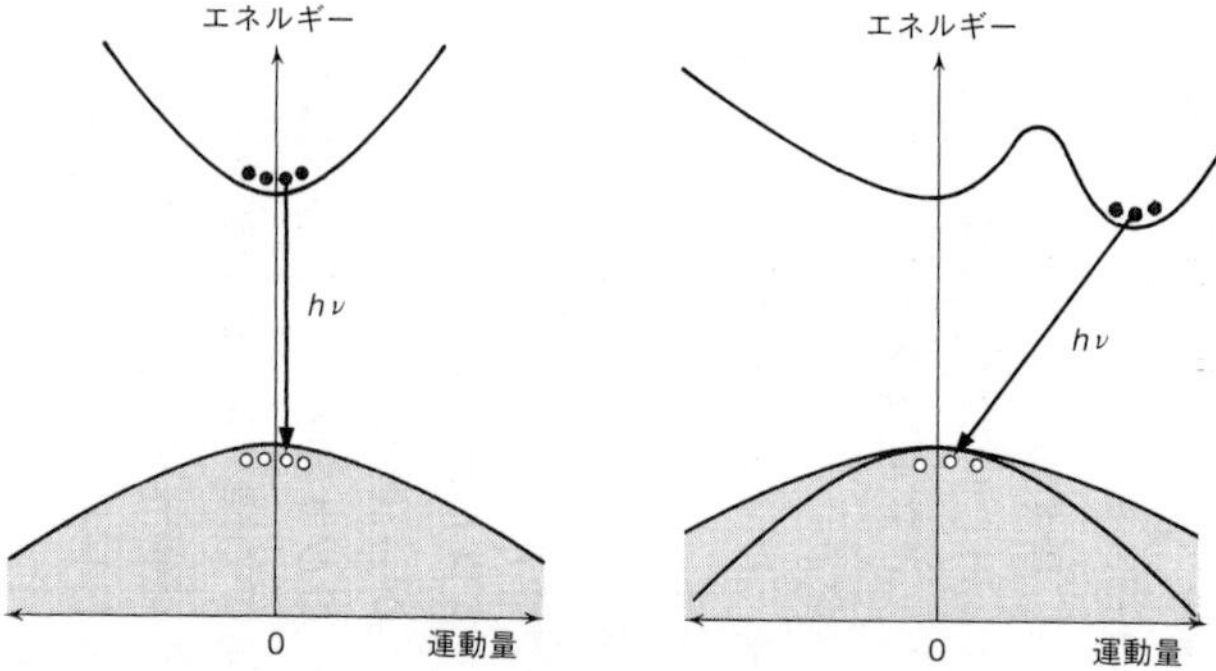

(a)　(b)

▲図5　直線遷移型半導体(a)と間接遷移型半導体(b)のバンド構造の略図
縦軸はエネルギー，横軸は運動量，●は電子，○は正孔を表す．

ーの可能性が高い材料は直接遷移のGaAsである、と結論した。

半導体の価電子帯と伝導帯における電子のエネルギーと運動量との関係は、直接遷移型半導体では図5の(a)、間接遷移型では(b)のようになっている。電子と正孔が結合するとき、直接遷移では電子の運動量は変化しないで光子が放出される。しかし間接遷移では電子の運動量が変化しなければならないので、結晶格子に運動量を与えることによって光子が放出される。したがって、一般に間接遷移の遷移確率は小さい。そこで、通常は直接遷移が発光ダイオードやレーザーダイオードに用いられている。

さて、有望な材料を一つに絞ったダムケの提案を受けて、にわかにGaAs半導体レーザーを実現する競争が激しくなった。そして一九六二年の初秋に、四か所でほとんど同時に、[16]〜[19]半導体レーザーの低温におけるパルス発振が実現されたが、タッチの差で早かったのは、ジェネラルエレクトリック（GE）研究所のR・N・ホールら[16]

であった。

ホールは戦時中、マグネトロンやゲルマニウムダイオードの製作に従事していた。戦後、核物理の研究で学位をとった後、ゲルマニウムやシリコンの精製とトランジスターの研究をしていて、一九六〇年ごろにはGaAsのエサキダイオードをつくったりしていた。したがって、半導体レーザーを自分のところでつくれる技術をもっていた。しかし、彼はレーザーに興味を引かれはしたが、あまりレーザーを知らなかった。学会の論文などを読んで勉強したけれども、半導体レーザーの反転分布が何を意味するのかわからなくて、半導体レーザーが可能だという話を聞いても、疑わしいと思っていた。半導体ではキャリヤーによる光吸収が強く、発光スペクトルの幅が広く、その上、発光の量子効率が低いからである(3)・(20)。

彼は量子効率は〇・〇一%程度だと思っていたところ、一九六二年七月に固体素子研究会でMITのT・M・クイストらとRCAのJ・パンコーブがGaAsの量子効率が一〇〇%近いという講演をしたのを聞いてびっくりした。そんなに量子効率が高いなら、電流密度を上げればレーザーになるかもしれない。帰りの列車の中でさっそく、どのような構造のpn接合をつくればよいか、そして共振器をどうしたらよいか考えた。pn接合にできる活性領域(増幅作用する部分)は非常に薄いし、p型領域もn型領域も光吸収率が大きい。そこでレーザー光は接合面に沿って進み、それと垂直に反射面をつくってファブリー・ペロー共振器にすることにした。後には一般に、結晶を劈開してできる面を反射鏡に利用しているが、このときはそれを知らなかったので、研磨して反射面をつくることにした。彼はアマチュア天文家で、高校生のときに反射望遠鏡をつくったことがあ

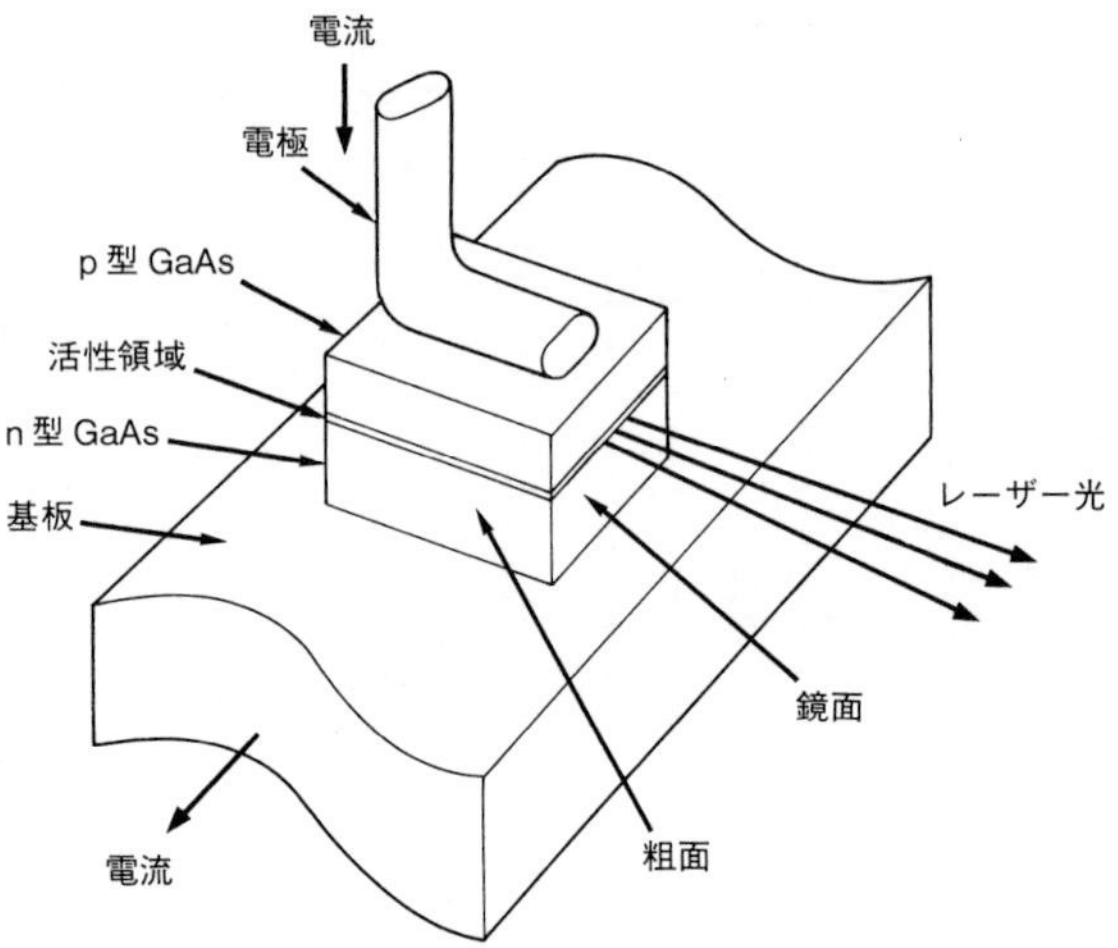

▲図 6　半導体レーザーの基本的構造
一辺の大きさは 0.3〜0.5 mm，活性領域の厚さは 1 μm 以下.

り、小さな半導体の光学研磨はお手のものだった。

研究室のボスのR・アプカーに相談したところ、たとえ失敗しても半導体の高効率発光の研究としてむだにならないからと支持されて、数人の研究協力者が集まった。それまでエサキダイオードを製作していたT・ソルティスはGaAsのpn接合をつくり、電子回路が専門のG・フェンナーは低電圧大電流のパルス電源を担当し、固体レーザーの実験をしていたJ・キングスレーはダイオード出力の光学測定と分光測定に適任だった。D・カールソンはその他の資材を準備したが、とくに不純物濃度の高いpn接合をつくるときのトラブル解決に当たった。

彼らはpn接合を一辺の長さが〇・四ミリメートルくらいの箱形に切って電極を付け、図6のような構造の素子をつくった。二つの側面は粗面にして光を散乱させ、ほかの二面は接合面に垂直な光学的平行平面になるように研磨して共振器にした。この素子をデュワーびんの中の液体窒素の中に入れて電流を流し、電気的特性を測った。素子の発光は目に見えない波長八四〇〜八五〇ナノメートルの赤外線なので、イメージコンバーターを使ったが、たえず蒸発する液体窒素の泡に妨げられて、詳細な観測は困難だった。

次々に素子を試作しては週末にも実験を続けていたところ、ある日曜日に試作素子の一つの電流を上げたとき、発光パターンに異常な水平線状の光が現われた。みんなすっかり興奮して集まってきたが、どうしてその異常な光のパターンができるのかだれにも説明できなかったし、異常な光はほとんど再現されなかった。しかし次の月曜日には、もっと確からしい現象が観測された。あるしきい値以上の電流を別の素子に流したときに奇妙な形の光が現われ、電流を増すと光のパターンは著しく変化し、一種のモードパターンが見られた。そしてスペクトル分布を測ってみると、しきい値の上と下では違いが明らかだった。

これこそレーザー発振に違いないと、それからは突貫作業で次々に素子をつくってはテストした。もちろん、たいていの素子はレーザーにならなかったが、いくつかはレーザーになった。それらがレーザーであることは、あるしきい値を超える電流を流すと、発光パターンが小さくなって明瞭な模様が現われ、光強度も増すこと、またスペクトルの半値幅がしきい値以下の電流では十二・五ナノメートルあるが、しきい値以上では一〜二ナノメートルまで狭くなることによって確信した。ただし、発光パターンと発光スペクトルの形は千差万別といってよいくらいであった。

これらの結果を書いた速報論文は一九六二年九月二四日に受理されて、十一月一日号に発表されているが[16]、同じ十一月一日号の別の雑誌にＩＢＭのグループも半導体レーザーの実験に成功したという論文が発表されている[17]。この論文の受理日は十月四日だったので、優先権はホールらにある。さらに、次の十二月一日号にも、半導体レーザーの実験の論文が二編掲載されている。一つはＧＥ社先端半導体研究所のＮ・ホロニャックらが$GaAs_{1-x}P_x$で可視光（七一〇ナノメートルの深赤色）を発振させた論文[18]（十月十七日受理）で、もう一つはＭＩＴのクイストらがGaAsレーザーの特性を液体ヘリウム温度と液体窒素温度で測定し、ヘリウム温度ではしきい値もスペクトル幅も著しく小さくなったという論文[19]（十一月五日受理）である。そして、ひき続いてソ連でもフランスでも半導体レーザーに成功しているが、これらの詳細およびその後の発展については、他の文献にゆずる。

●

半導体レーザーの開発では、後から競争に参加したホールのグループが予想外にも一番乗りとなった。素子構造の考案や製作技術に優れ、しかも少数精鋭の研究者・技術者の協力がうまくいったし、良質の材料を手に入れていたことなどが勝因として考えられるが、偶然の幸運もあった。ルビーなどの固体レーザーをだれが最初に発明したかは、判定のルール次第ではないだろうか？　いずれにしても、スポーツやゲームの順位争いに似たところがある。

レーザー物語やレーザーの歴史はすでにいくつも出版されているので、本書では最初の実験に成功するまでの研究内容に焦点をおいて書いた。これには筆者の記憶違い、聞き間違い、あるいは読み違いがあるかも知れない。また、肝心な事項の見落としや、不適切な削除があるに違いない。多少にかかわらず誤りや不備について、ご指摘とご批判をいただければ幸いである。

参考文献

（1） A. J. Torsiglieri and W. O. Baker：Science **199**, 1023 (1978).
（2） N. Wade：Science **198**, 379 (1977).
（3） J. Hecht：*Laser Pioneers*, Academic Press (1992).
（4） ジョーン・リサ・ブロンバーグ：パリティ、一九八九年六月号、三二ページ。
（5） P. Rabinowitz, S. Jacobs and G. Gould：Appl. Optics **1**, 513 (1962).
（6） G. Gould：Appl. Optics Suppl. **2**, 59 (1965).
（7） W. T. Walter *et al.*：IEEE J. Quantum. Electron. QE-**2**, 474 (1966).
（8） A. Javan：in *Quantum Electronics*, ed. C. H. Townes, Columbia Univ. Press, New York (1960) pp. 564.
（9） W. W. Rigrod *et al.*：J. Appl. Phys. **33**, 743 (1962).
（10） A. Javam, W. R. Bennett, Jr., D. R. Herriott：Phys. Rev. Lett. **6**, 106 (1961).
（11） A. Javan, E. A. Ballik and W. L. Bond：J. Opt. Soc. Am. **52**, 96 (1962).
（12） 渡辺寧、西沢潤一：日本特許二七三、二一七。
（13） B. Lax：in *Quantum Electronics III*, eds. P. Grivet and N. Bloembergen, Dunod Editeur and Columbia Univ. Press (1964) p. 1766.
（14） M. G. A. Bernard and G. Duraffourg：Physica Status Solidi, **1**, 699 (1961).
（15） W. P. Dumke：Phys. Rev. **127**, 1559 (1962).
（16） R. N. Hall *et al.*：Phys Rev. Lett. **9**, 366 (1962).
（17） M. I. Nathan *et al.*：Appl. Phys. Lett. **1**, 62 (1962).

(18) N. Holonyak, Jr. *et al.*: Appl. Phys. Lett. **1**, 82 (1962).
(19) T. M. Quist *et al.*: Appl. Phys. Lett. **1**, 91 (1962).
(20) R. N. Hall: IEEE Trans. Electron Devices, ED-**23**, 700 (1976).

補注

*1 光ポンピングは原子の基底状態または励起状態の角運動量を変える方法であって、反転分布をつくって誘導放出を起こすものでないことはカストラー自身も述べている [Nature, **316**, 307 (1985)]。したがって、光学的にポンプされたレーザー (optically pumped laser) を光ポンピングレーザーというのはよくないから、筆者は以前から光励起レーザーということにしている。

*2 励起状態の原子が自然放出によって $1/e$ まで放射減衰する時間を自然寿命といい、自然放出レートの逆数に等しい。孤立原子でないときには、原子間の衝突や、イオン、電子、光などの影響で励起状態の寿命は一般に自然寿命より短くなるが、共鳴蛍光の閉じ込めがあると長くなる。本文では、これを自然寿命と区別するため、実効的寿命ということにした。

*3 第二種衝突に対して、エネルギーの大きな電子やイオンが衝突してイオン化または励起する通常の過程を第一種衝突ということがある。

*4 ボーリクは当時は技術員 (technician) であったが、有能な実験家で、後にオックスフォード大学で学位をとり、カナダのマクマスター大学教授になっている。

*5 いまでは六三三ナノメートルのヘリウム-ネオンレーザーを使うので容易に反射鏡の角度調整ができるが、レーザーを使わないで細長い管の両側にある平面鏡を調整するには、熟練者でも一時間以上かかる。後にヘリオットらが考案した外部凹面鏡の光共振器では、反射鏡の角度の許容精度は一分程度なので調整はきわめて容易になった[9]。

*6 十二月十二日とする文献と、十二月十三日とする文献がある。また、メイマンのルビーレーザーの最初の発振も、五月十五日とする文献と、五月十六日とする文献がある。誤植か思い違いによるのだろうが、日付けを詮索する必要はないので、本文では年月までを記載した。

*7 エキシトン (exciton) は電子と正孔とが結合した状態であって、電子と陽子が結合した水素原子のような、中性粒子としてふるまう。励起子ともいう。

付記：前章に引き続き、おもな人名に生没年月日を書いておく。

LeRoy Apker　一九一五年六月十一日ロチェスター（Rochester, USA）生れ

John Bardeen　一九〇八年五月二三日マディソン（Madison, USA）生れ、一九九一年一月三十日没

William R. Bennett Jr.　一九三〇年一月三十日ジャージーシティー（Jersey City, USA）生れ

Robert N. Hall　一九一九年十二月二五日ニューヘブン（New Haven, USA）生れ

Donald R. Herriott　一九二八年二月四日ロチェスター（Rochester, USA）生れ

Alfred Kastler　一九〇二年五月三日ドイツ生れ、仏国籍、一九八四年一月七日没

Benjamin Lax　一九一五年十二月二五日ハンガリー（Hungary）生れ、米国籍

Isidor I. Rabi　一八九八年七月二九日オーストリア（Austria）生れ、米国籍、一九八八年一月十一日没

12章　トランジスターの発明

まえおき

トランジスター（transistor）は集積回路（IC）、大規模集積回路（LSI）から超大規模集積回路（VLSI）へと発展し、それによっていまやコンピューターは、物理学やエレクトロニクスだけでなく、社会活動や芸術にも大きな影響を与えるほどになっている。トランジスターについては、『パリティ』誌にも「バーディーン特集号」にホロニャックの記事(1)があるが、最終章にはトランジスターの発明を取り上げることにした。

筆者は一度もトランジスターの研究を発表したことがないので、筆者がトランジスターの発明の話をするのはおこがましい、と言われそうである。そこでまず、筆者がトランジスターの発明にいたる実験にどのように関わっていたかを述べておこう。

戦争中の一九四三年九月に大学を繰り上げ卒業した私は、十月から大学院特別研究生として海軍のレーダーの研究に参加することになった。そのころ、波長九・八センチメートルのマイクロ波レーダーが使われるようになっていたが、受信機でマイクロ波を検波するのに普通の真空管は役に立たないので、マグネトロン[*1]の超再生検波やオートダイン検波方式が使われていた。それはマグネトロンを発振するかしないかの限界状態で検波感度がよくなる条件を探して受信する方法であって、同調と整合をとりつつ高感度を得るのは非常にむずかしく、神業であるといわれていた。鉱石検波器は感度が悪くてしかも不安定なので採用されなかった。しかし、マグネトロン検波はとても実戦では使いこなせないというので、私がマイクロ波レーダー用に鉱石検波器を研究してみることになった。

小学生のときにつくった鉱石ラジオの検波器がマイクロ波でも感度があるかどうかテストする実験を手始めに、方鉛鉱、黄鉄鉱、斑銅鉱などの鉱石や炭化ケイ素、シリコン（Si、ケイ素）などの検波感度を一九四三年十二月までに調べた。方鉛鉱はラジオ周波数では感度がよいが、マイクロ波ではほとんど感度がない。同じ種類の鉱石でも感度に大差があるが、平均してよいのは黄鉄鉱であった。シリコンは理化学研究所その他から試料をもらったが、いずれも純度や製法が不明のものばかりで、マイクロ波を検波するけれども感度はあまりよくなかった。そこで、黄鉄鉱にタングステン針を接触させた鉱石検波器を機械的に安定にする工夫をした。このときの実験結果は、戦後にな

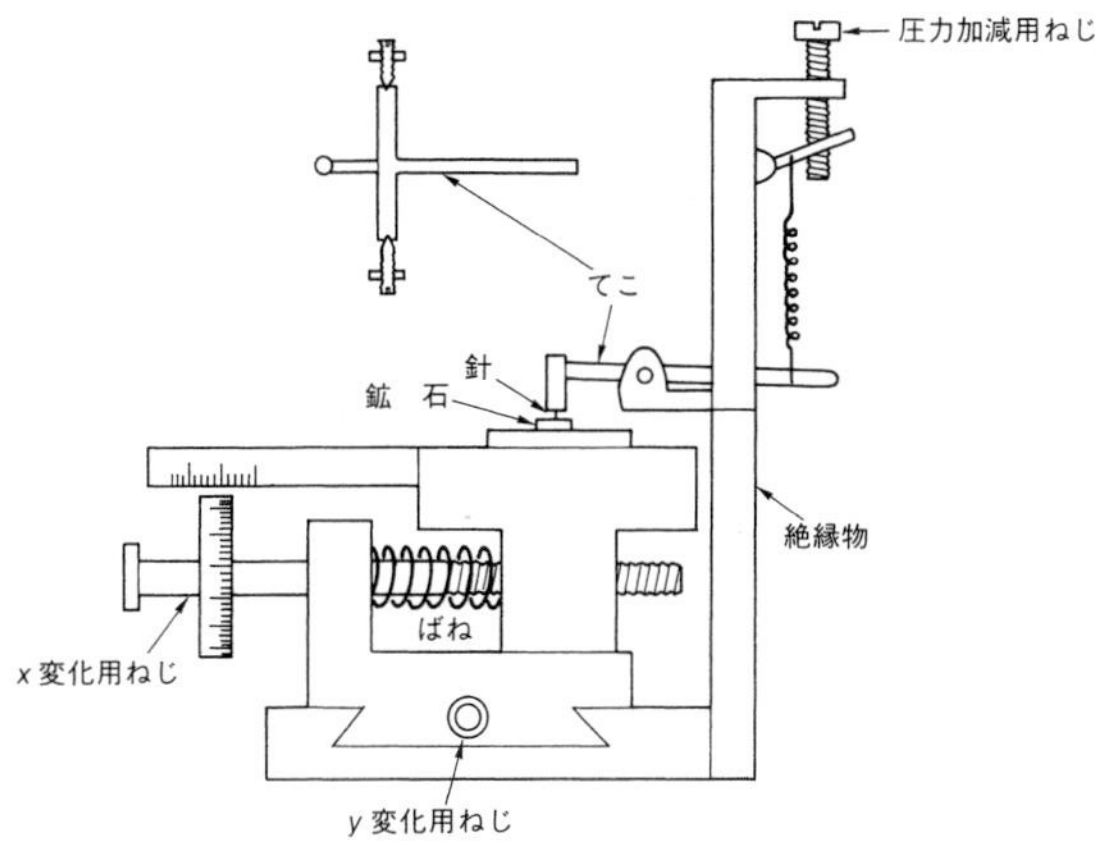

▲図1　鉱石面の感度分布を2次元的に測定した装置[3]
x 方向にも *y* 方向にも，1/100 mm または 1/200 mm ずつ接点をスキャンして整流特性を測定することができる．

って物理学会誌に報告されている。[2]

そしてその鉱石検波器をミクサー（周波数変換器）にして、局部発振器にはマグネトロンを使ったマイクロ波のスーパーヘテロダイン*2受信機を、翌年の一九四四年三月につくり上げた。当時はマイクロ波の信号発生器などないので定量的な測定ではないが、かなりの感度が得られた。在来の受信機と比較実験したところ、はるかに使いやすくて感度も高いことがわかったので、一九四四年九月から装備される軍艦のレーダーの受信機は鉱石式スーパーヘテロダインに取り換えられた。

その後も鉱石検波器、すなわち半導体ダイオードの研究を続け、一九四七年、黄鉄鉱とシリコンの表面を金属針で二次元的にスキャンして感度分布を測定した[3]。図1はその測定装置である。これは〇・〇〇五ミリメートルの空間分解能で感度地図を描くことができ、測定の再現性もよかった。

二次元分布の $y=19.57$ mm の一断面を描いた低

周波とマイクロ波の感度分布の一例が図2である。

　この実験が行なわれた翌年の一九四八年に、米国で点接触トランジスターが発明された。上述の感度分布測定針のとなりに別の針を立てて実験すれば、すぐにもトランジスターができたと思われるかもしれない。しかし、それを実験したとしても失敗したはずである。なぜなら、当時は単結晶

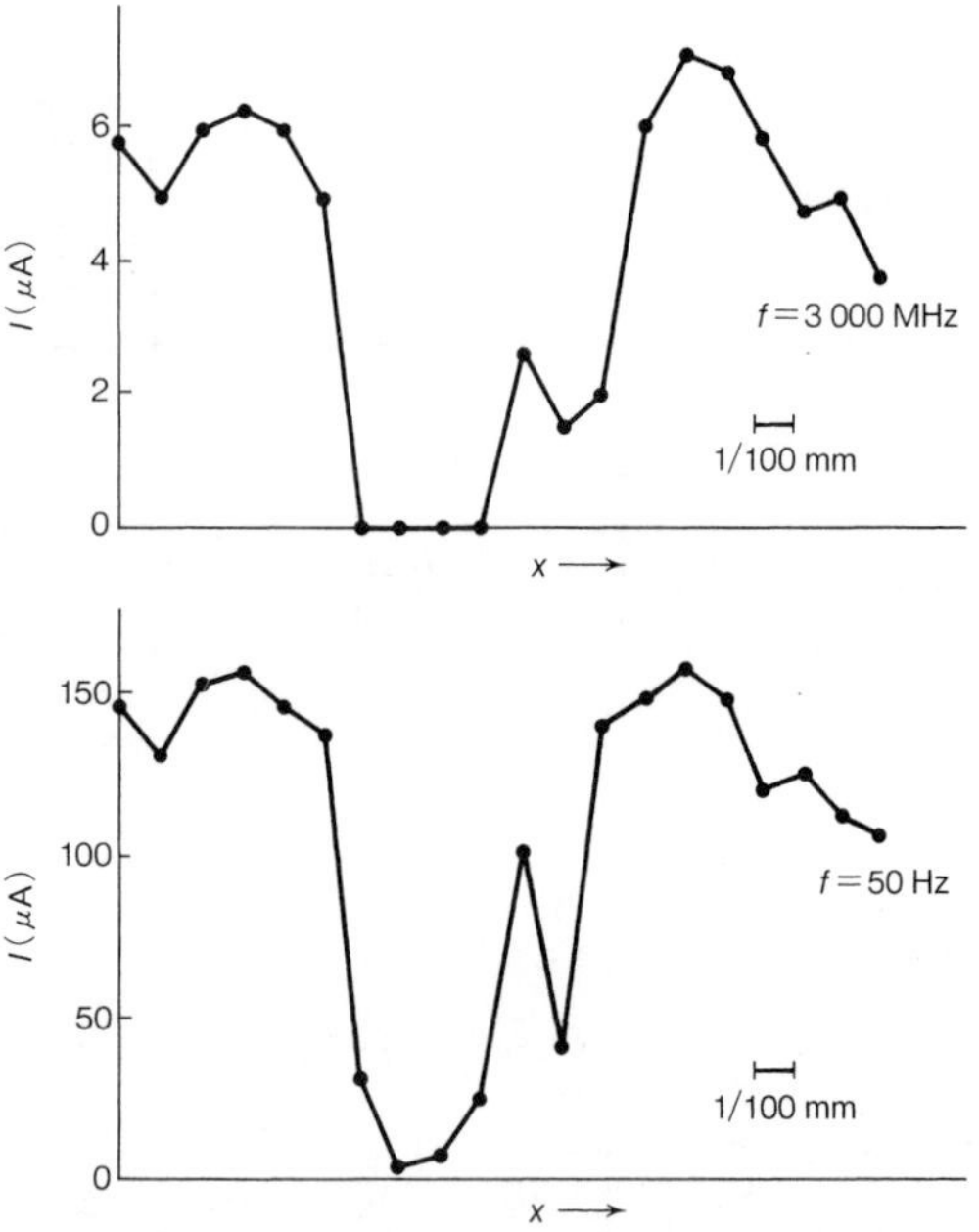

▲図2　あるシリコンの研磨面の $y = 19.57$ mm における x 方向の感度分布[3)]
上図は3 GHzのマイクロ波の検波感度．下図は50 Hzの交流の検波感度．

のシリコンがなくて、試料を真空電気炉で溶解してみたこともあったが、真空といっても〇・〇一トルくらいの悪い真空であって、精製も不純物の制御もできなかった。そしてトランジスター発明後は、国外でも国内でも多数の研究者と技術者が半導体の研究に参入したので、私は半導体から手を引いた。

一九三〇年代までの半導体

半導体の特異な性質を最初に発見したのは、ファラデーであった。すべての金属の電気抵抗は温度とともに増加するが、硫化銀（Ag_2S）の電気抵抗は温度を上げるほど小さくなることを、ファラデーは一八三三年に見いだしている。[4] それから四〇年たって、一八七三年にセレンの光伝導、すなわちセレンに光を当てると電気抵抗が減少することが発見された。そして、その翌年の一八七四年に、各種の鉱石と金属との接触[5]および銅と亜酸化銅の境界の電気抵抗が電流の向きによって異なるという整流作用が発見された。[6]

G・マルコーニの無線電信では送信機にヘルツの振動子を用い、最初の一八九五年ごろの実験ではコヒーラー[*3]で受信していたが、一九〇四年以来もっぱら鉱石検波器が使われるようになった。真空管が発明され、ラジオ放送が始まってからも、簡便で安価な受信機として鉱石ラジオが親しまれていた。一九二〇年代までの半導体の研究は、セレンと亜酸化銅の整流器と光電池、その他光電管などの製造技術や応用技術の研究が主であった。[7] 鉱石検波器については、日本でも一九二九年、小川若三郎の詳細な研究（全六六ページ）がある。彼は人造方鉛鉱（PbS）の電気抵抗とその温度係数が不純物成分によって変わることを調べ、純粋な方鉛鉱は検波感度が悪いこと、銀やタリウムを入れると感度がよくなることを見いだしている。とくに、拡散によって銀を表面に入れ、金属針との接触圧力を下げるとよいといっている。

一般に金属は不純物があると電気抵抗が高くなるが、半導体は不純物によって敏感に電気伝導率が増して電気抵抗が下がる。しかし、これが半導体の基本的性質であるという指摘も認識も、そのころにはなかった。また、半導体の性質は表面（界面）と点接触と体積（バルク）効果が顕著に違うということも、断片的に報告されているだけで、一般的で共通の理解にはなっていなかった。半導体とはどんな物質であって、どのようにして電流が流れるかがわかっていなかったからである。

量子力学が完成してそれが固体に適用されたのは、一九三〇年代になってからである。A・H・ウィルソンは、原子が規則正しい結晶格子をつくっている固体の電子を量子力学的に取り扱い、一九三一年に固体中の電子波のエネルギーバンドの概念を導入して、まず金属と絶縁体の区別を解明し(8)、次に半導体を説明した(9)。そのエネルギーバンド理論によれば、電子は連続的なエネルギー値をとることができないので、バンドギャップの上には伝導帯、下には価電子帯がある。絶縁体では、電子が価電子帯をちょうど満たしてそれを充満帯にし、伝導帯は空になっているので電気が流れない。そして金属では、電子が伝導帯の下半部を占め、上半部は空いているので、伝導帯の電子は電場から運動エネルギーを得て移動することができる。しかし一九三〇年代には、固体中の電子波の概念と化学結合の概念は相容れないで対立していた。

E・H・ホールが一八七九年に発見したホール効果の実験から、電流の運び手、キャリヤーの電荷の符号と数とを決めることができる。図3のように、z方向に磁場をかけた導体にx方向に電流を流すと、y方向に電荷が偏って電場E_yができる。これをホール効果といい、磁束密度をB、電流密度をiとすると、生じる電場E_yはiBに比例するので$E_y=RiB$と表し、Rをホール係数という。

いま、電荷$-e$をもった電子が単位体積中にn個あって、x方向に一定の速度vで運動するとき、x方向に流れる電流密度iは、

$$i=-nev \quad (1)$$

である。このとき電子にy方向にはたらく力は

$$f_y=-eE_y+evB \quad (2)$$

となるが、y方向に電流が流れないときは、$f_y=0$であるから、$E_y=vB$となる。したがって式(1)、(2)を用いて、ホール係数は、

$$R=\frac{E_y}{iB}=\frac{vB}{-nevB}=-\frac{1}{ne} \quad (3)$$

となる。*4 そこで、ホール係数の正負からキャリヤーの正負、その大きさからキャリヤーの数密度nがわかる。

多くの金属についてホール係数の測定値は負になり、しかもそれから求められたnの値は金属中の原子の数密度と同程度の大きさで、温度による変化も小さかった。このことは、金属の電気伝導で

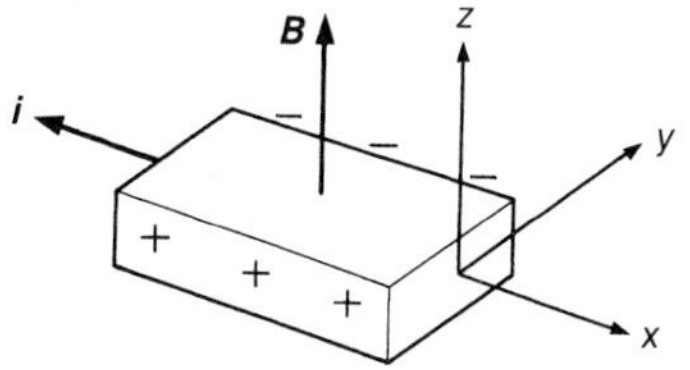

▲図3　ホール効果の説明図
$-x$方向に電流を流し，z方向に磁場をかけると，キャリヤーの正負に対応して$\pm y$方向に電場ができる．

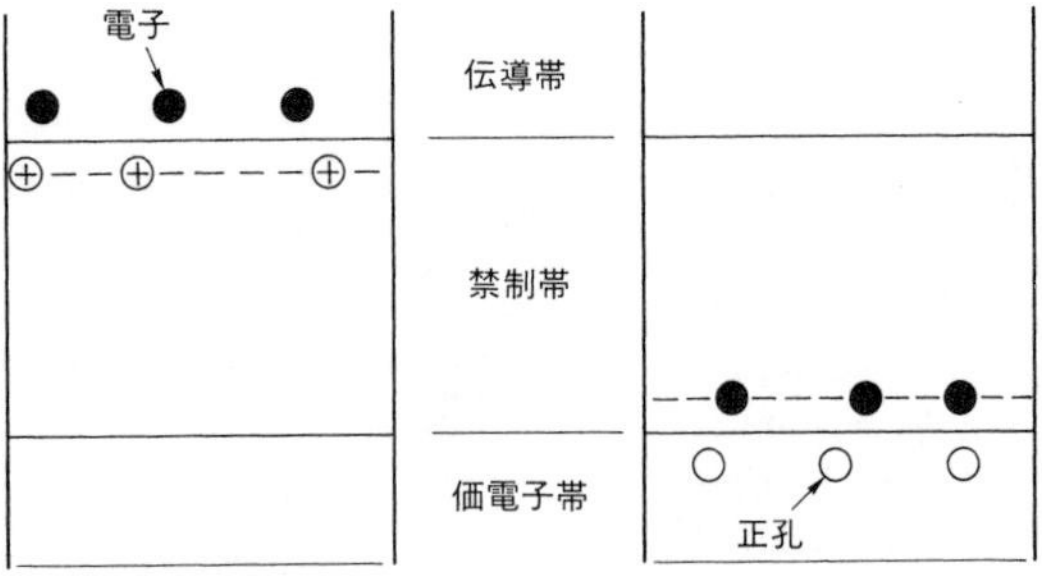

(a) n型半導体　(b) p型半導体

▲図4　少量の不純物を含む半導体のエネルギー準位図
(a)はn型半導体．(b)はp型半導体．●は電子，○は正孔，⊕は電子を失ってイオン化した不純物原子を表す．

は自由電子モデルが正しいことを示している。

しかし、半導体で測定されたホール係数は金属に比べて桁違いに大きく、正になったり負になったりしていた。もっともよく研究されていた亜酸化銅とセレンのホール係数は、たいてい正であった。半導体の電気伝導がイオンによるとすると、イオンの電荷は$\pm e$またはその整数倍であるから、ホール係数Rが桁違いに大きいためには、イオンの数密度nが桁違いに小さいことになる。そうすると、実測される電流が流れるためには、式(1)からイオンの速度vが非合理なほど高速度でなければならない。イオンの移動度[*5]は電子より小さいので、これではまったく矛盾している。

ウィルソンの理論によれば、半導体の伝導帯と価電子帯との間のバンドギャップは比較的せまく、含まれる不純物原子のエネルギー準位は、しばしばバンドギャップの中にある。不純物準位が伝導帯に近いときのエネルギー準位図は図4の(a)、価電子帯に近いときは(b)のようになる。不純物準位を切れ切れに描いてあるのは、不純物の濃度が低いときには不純物原子は相互に遠く離れているので、電子は不純物原子間を移動できないことを示すためである。半導体のバンドギャップは一電子ボルト程度あるので、価電子帯の電子は常温ではほとんど伝導帯に励起されないが、(a)では不純物準位の電子がかなり伝導帯に励起されて、キャリヤーになっている。(b)では価電子帯の電子が不純物準位に熱的に励起され、価電子帯には電子の孔ができる。そこで電圧をかけると価電子が移動して、電子の孔は逆方向に動く。こうして正の電荷をもつ粒子のようにふるまう電子の孔を正孔（またはホール、hole）という。

このように考えると、半導体のキャリヤーがイオンより移動度が大きく、電荷が正にも負にもなりうることがわかる。いまでは、図4(a)のように電子がキャリヤーになる半導体をn型半導体、(b)のように正孔がキャリヤーになるものをp型半導体とよんでいる。[*6] 長い物語を短くしなければならないが、ウィルソンの理論は容易には認められなかった。理論的にはエネルギーバンドと不純物準位の具体的な計算ができなかったこと、実験的には試料の作成も不純物濃度も十分な制御ができないので、試料の処理の微妙な相違や化学分析にかからないほど微量の不純物によって実験結果が変わるからであった。そして次第に、このような構造敏感性や不純物依存性こそ半導体の特徴であることがわかってきた。

半導体整流器

このころ、真空管や放電管以外の整流器として、低周波の大電流ではセレン整流器、周波数キロヘルツ程度の小電流では亜酸化銅整流器、メガヘルツ程度以上の高周波の微小電流では鉱石検波器

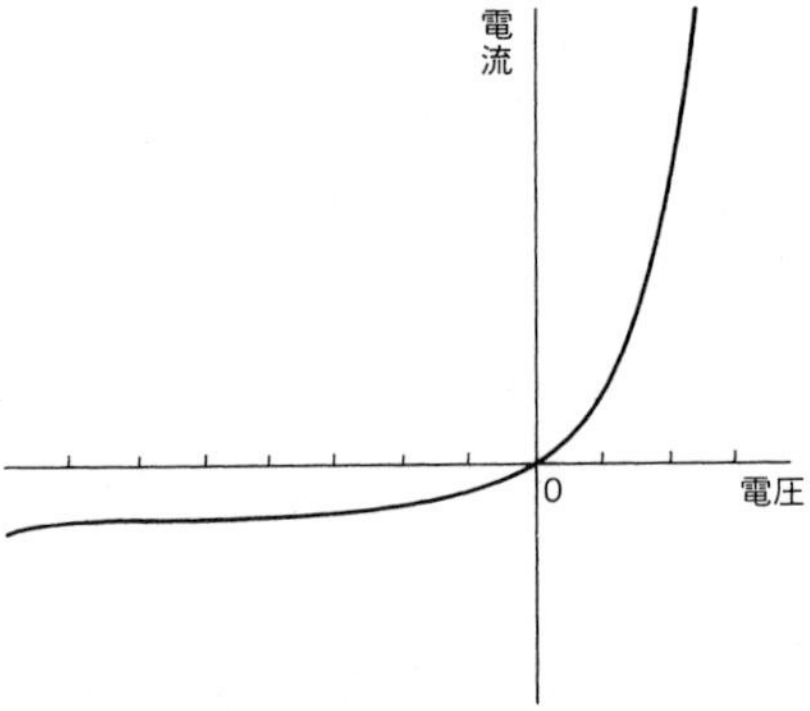

▲図5　鉱石検波器の整流特性

が使われていた。これらは図5のような電圧-電流特性をもっていて、その整流作用は半導体と金属の境界面または接触点にあることはわかっていたけれども、整流機構は未解決であった。金属と半導体のバンドモデルを提出したウィルソンは、量子力学的トンネル効果によって、初めて整流作用を説明した。

ウィルソンのモデルでは、半導体と金属を接触させると、半導体の表面近くの伝導電子は金属の側に流れ込み、正孔には金属の側の自由電子が流れ込み、接触点には電子も正孔も存在しない薄い絶縁層ができる。n型半導体と金属の接触では、電子に対するポテンシャルの障壁（barrier）が図6のようにできる。この障壁の厚さが一ナノメートル程度とすると、電子は波としてのトンネル効果で障壁を透過することができ、平衡状態では金属から半導体に透過してゆく電子数と半導体から金属に透過してゆく電子数が等しい。金属を負にすると、トンネル効果で金属から半導体に流れ込む電子数が増える。逆に半導体を負にすると、半導体から金属に流れ込む電子数が増えるが、半導体の電子数密度は金属よりずっと小さいので、半導体から金属には少ししか電子が流れない[9]。この考えは半導体の整流作用を説明することができたけれども、整流の向きは実験結果に合わなかった。n型半導体の実験では、半導体を正にしたとき電流が流れにくいのである。障壁の厚さが電圧の向きによって変わることを考慮しても、整流の向きはやはり実験と反対であった。

一九三八年になって、障壁の厚さは〇・一〜一マイクロメートル程度あるからトンネル効果は起こらないことを指摘して、障壁を越えて流れるキャリヤーで整流作用が生じることを最初に考えたのはB・ダビドフであった[11]。N・F・モットもまた、障壁は電子の平均自由行程より厚いと考えた[12]。厚い障壁では、トンネル効果の確率は非常に小さく、電子は半導体の原子と衝突しながら拡散して障壁を通り抜ける。障壁の絶縁層は電気二重層になっているので、両面の電荷密度が変わらなければ障壁内の電場の強さは一定であるから、n型半導体を正にしたとき障壁が厚くなるので電流が流れにくく、負にしたとき薄くなるので電流は流れやすくなる。これによって、実験結果と向きが合う整流作用の説明ができた。

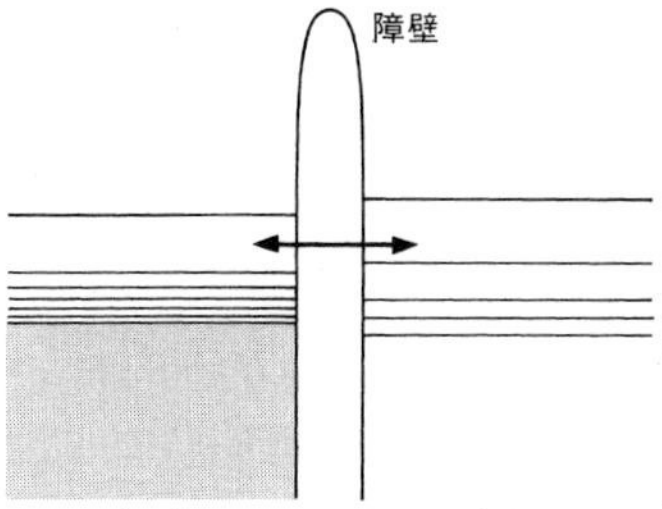

▲図6　半導体と金属の接触面の薄い障壁を通る電子波のトンネル効果

モットは障壁内の電場の強さを一定としたけれども、絶縁層の中の不純物原子はイオン化されていて空間分布していると考えられる。W・ショットキーが考えたように[13]空間電荷密度が一定とすると、障壁のポテンシャルは図7のように放物線形になることは、ポアソンの式からわかる。図7(a)は金属とn型半導体が接触していないときのポテンシャル図であって、ϕ_Mは金属

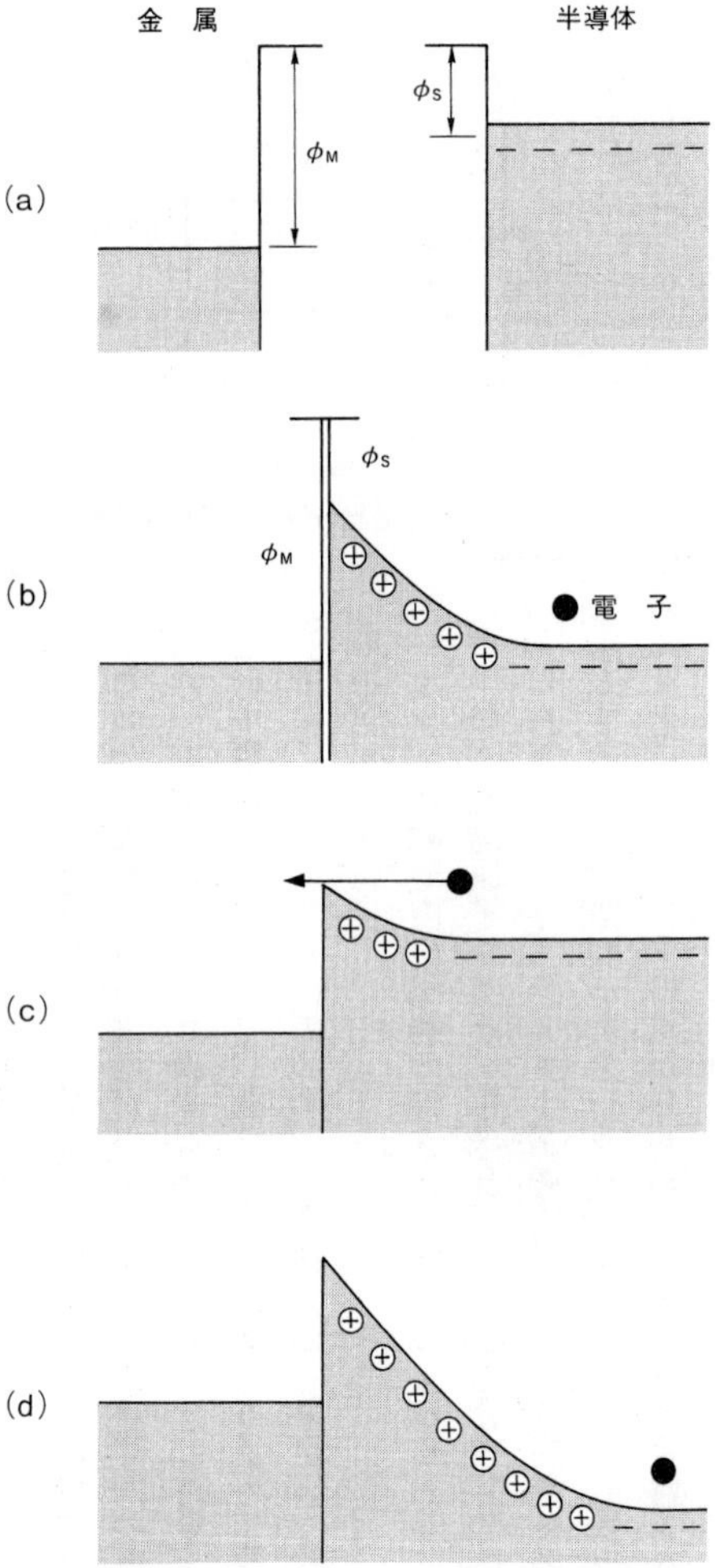

▲図７　半導体と金属のエネルギー準位
(a)は接触前．(b)は接触後の平衡状態．(c)は金属に正，半導体に負の電圧をかけたとき．(d)は半導体に正，金属に負の電圧をかけたとき．

の仕事関数、[7] ϕ_Sは半導体の仕事関数である。両者が接触すると、伝導電子が半導体から金属に流れ込んで、(b)のように両側の電子エネルギーの「水面」が同じ高さになり、接触電位差は$\Delta\phi=\phi_M-\phi_S$になる。(c)のように、半導体を負、金属を正にする電圧をかけると、障壁が低くなるので電流が流れやすく、逆向きの電圧をかけると、(d)のように障壁が高いので電流が流れにくい。

一九三九年に発表されたこれらの理論によって、整流作用の向きは実験と一致するようになったが、実験と合わないところが少なくなかった。そこで、その後いろいろの修正も試みられたけれども、障壁の高さは図7(b)のように$\Delta\phi=\phi_M-\phi_S$であるから、仕事関数に大きく依存する。ところが、実験的には、整流特性は金属の仕事関数によってあまり変わらない。ことに鉱石検波器では、金属の種類によってほとんど特性が違わない。したがって、どの理論も満足なものではなく、戦前の半導体整流器の研究は、性能のよい亜酸化銅整流器やセレン整流器を生産するための工業的研究が主で、整流機構の実験的研究は少なかった。

トランジスターへの道

鉱石検波器と二極真空管との類似は明らかなので、三極真空管の制御グリッドに相当する第三電極を鉱石検波器に入れて鉱石増幅器ができないか、と考えた人は少なくない。日本でも一九三〇年前後にいくつかの研究があるが、いずれも不安定な負抵抗特性を利用するもので、確実な実験はなかった。普通の鉱石検波器ではポテンシャル障壁が薄くて、そこに制御電極を挿入するのはむずかしい。そこでR・ヒルシュとR・W・ポールは一九三八年、電気伝導率の低い材料を使って厚い障壁

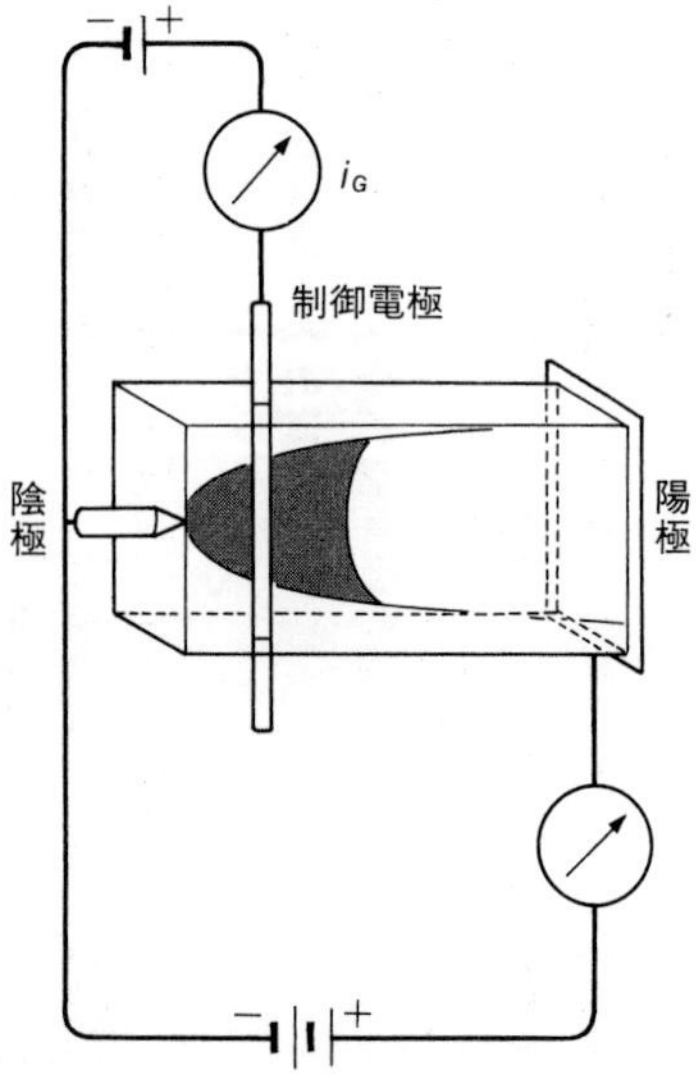

▲図 8　ヒルシとポールがイオン結晶（KBr）でつくった 3 極結晶増幅器[14]
結晶の中の灰色は，色中心による着色部分を示す.

をつくり、その中に制御電極を入れることによって安定な増幅作用を実現するのに成功した[14]。

彼らは、臭化カリウム（KBr）の結晶の一面に仕事関数の小さい金属カルシウムの電極をつけ、他の面には白金電極をつけることによって、両極の間隔が一センチメートルもある整流器をつくった。この整流器は障壁が厚いので、時間的応答は非常に遅くて数秒以上にもなるが、電子が移動するにつれて色中心*8を生じるので、その分布を容易に観察することができる。そして図8のように、大きさが$2\times5\times10$ mm^{3}の結晶に、カルシウム陰極から二ミリメートルのところに直径〇・二ミリメートルの白金の制御電極を入れた。白金の陽極には一〇〇ボルトぐらい、制御電極には一〇ボルトぐらいの電圧をかけたとき、制御電極の電流i_Gを〇・〇二ミリアンペア変えると陽極電流i_Aが〇・四ミリアンペア変わった。このときの電流増幅率は二〇倍であるが、一〇〇倍以上の増幅率も得られた。

その後、第二次世界大戦のため、多くの研究が秘密にされていた。米国では、半導体整流器の研究が数か所で行なわれたが、パーデュー大学のゲルマニウムとベル電話研究所のシリコンの研究は、いずれも材料を精製して高性能の整流器をつくったものである。ベル電話研究所のR・S・オールは方鉛鉱やシリコンで鉱石検波器の実験をしていたが、市販のシリコンは検波感度が不均一なので、もっと均一にできないかと化学者と冶金学者に協力を求めた。[*9] 彼らは高真空中でシリコンを溶融して再結晶させることによって、シリコンの純度を高めた。そして、溶融されたシリコンを一方の端から結晶させていくと、一部の不純物は初めの結晶に取り込まれ、他の不純物は後からできる結晶に取り込まれるという偏析効果を見いだした。[*10]

あるときつくったシリコン結晶の片側はp型で他の側はn型になり、p型とn型の境界に光を当てると大きな起電力(約〇・五ボルト)が現われた。光起電力や整流作用は半導体と金属との境界で起こると思われていたので、同じように見える半導体の塊の一部に光を照射しただけで起電力を生じることは驚きであった。これが世界で最初につくられたpn接合であるが、この報告は戦後一九四九年になって発表された。(15) そして、シリコンと金属の点接触検波器がマイクロ波レーダーの受信用に開発された。これらのくわしい研究も戦後に発表されている。(16) 同じようなシリコン検波器は、英国でもドイツでも独立につくられていたが、初めに述べたように日本では初歩的な実験が行なわれただけだった。

戦後の一九四六年一月、ベル研究所では半導体デバイスの研究班がW・ショックレーの下につくられた。この研究班の班員は物理学者のバーディーン、W・H・ブラッテン、G・L・ピアソンが中心であったが、シリコンの精製や不純物制御の研究をしていた化学者と冶金学者のほか、電気工学者や物理化学者も加わって協力した。半導体の研究は、戦前および戦時中にずいぶん行われたけれども、基本的にはまだわからないことが多かった。その一つの理由は、半導体の種類や性質が多種多様であるからである。もっともよく研究された亜酸化銅は複雑な構造をしていて、酸化の程度によって組成も単純でない。そこでショックレーの研究班では、研究対象をシリコンとゲルマニウムにしぼることにした。これらは単一元素であり、その化学結合は単純な共有結合(covalent bond)だからである。そこで、いろいろの組成の試料をつくって実験した。シリコンもゲルマニウムも第四族の元素であるから、第三族の元素(B、In、Ga)を不純物として加えるとp型半導体、第五族の元素(As、Pなど)を入れるとn型半導体になる。

彼らはシリコンでもゲルマニウムでも、とくに金属との点接触の光起電力と整流特性とを調べた。ショックレーは、接触点に電位差があって半導体の表面近くに空間電荷が生じるならば、外部から電場をかけてこの空間電荷を変えることができるはずだと考えた[*11]。そうすると、表面層の空間電荷を変えることによってその電気伝導度を制御できるので、増幅作用が得られるだろうと予想した。彼はこれを確かめる実験をいろいろ工夫したけれども、どの実験でも予想したような効果は観測されなかった。失敗したこれらの実験は、ほかの研究の失敗と同様に、その詳細はほとんど発表されていない(17)。

障壁の高さが仕事関数にほとんど無関係になることも、障壁内の空間電荷が外部電場によってほとんど変わらないことも、半導体表面にできる固有の量子状態が原因ではないか、とバーディーンがいい出した。グループのだれかが新しいアイディアを思いついたり、新しい実験結果を出したりすると、すぐにそれをグループに発表してみんなで率直に質問したり考えたりするのが常であった。この討論は非常に刺激的で科学的興奮をもたらし、これによって、その後実り多い研究方向が見いだされることが少なくなかった。

さて、バーディーンの考えたことは、以前にタムやショックレーが固体の表面状態（surface states）とよんでいた量子状態が高密度で半導体の表面に存在するためだ、というのである。[*12] つまり、半導体の自由表面のエネルギー準位が内部と同じで図7(a)のようになっていると考えるのは単純過ぎる。金属と接触していなくても半導体の表面状態には多数の電子が入るので、表面付近のポテンシャルは図9のようになり、半導体固有の障壁ができている。図でわかるように、このときn型半導体の表面には薄いp型半導体の層ができている。この半導体と金属が接触したときには、表面状態の電子が金属内の伝導電子と平衡になるので、表面状態の密度が十分に高ければ、どんな金属と接触しても障壁の高さは変わらないし、どんな外部電場をかけても、表面状態の電子密度が変

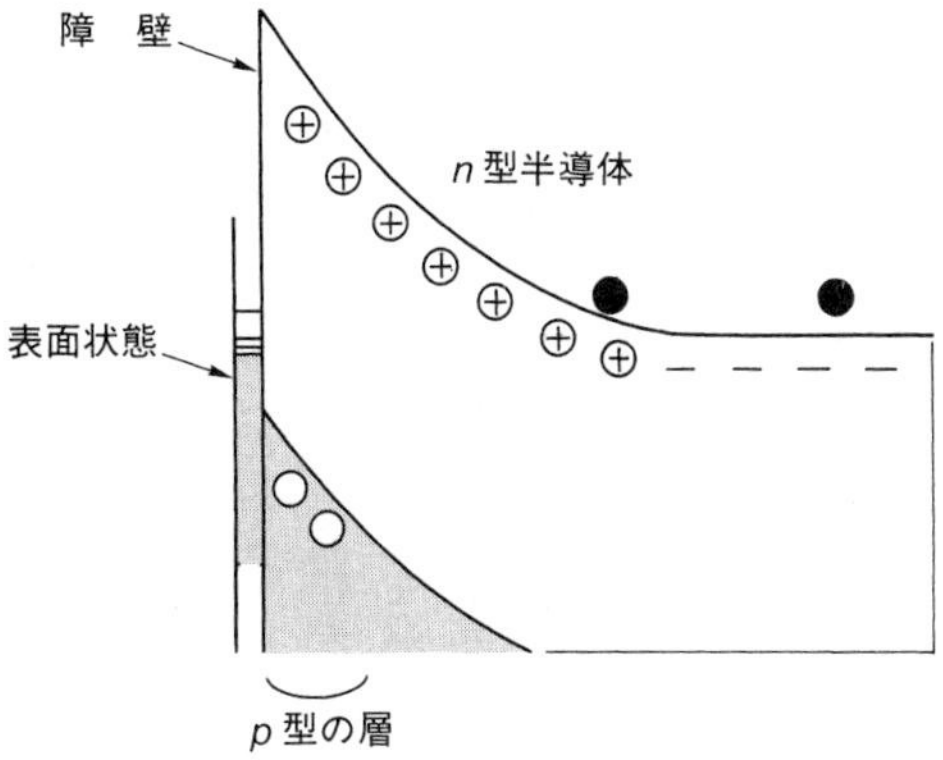

▲図9　n 型半導体の表面状態密度が高いときのエネルギー準位図

金属と接触していない自由表面でも，ポテンシャル障壁ができ，表面は薄い p 型の層になる．

わるだけで障壁内の空間電荷が変わらない。計算してみると、表面にある原子数よりずっと少ない数の表面状態があれば十分であり、表面状態密度があまり高くないときにだけ、接触電位差や外部電場が多少の影響を及ぼすと考えられる(18)。

ショックレーはこの説を聞いて、それなら半導体、たとえばシリコンの不純物濃度を変えてpn接合をつくり、その接触電位差を測定すれば、表面状態密度が求められるだろう、と提案した。ブラッテンは、pn接合に光を照射すれば、光励起されてできた電子と正孔によって表面状態の電子数が変わるので、pn接合の電位差が変わる。したがって光照射による電位差の変化から表面状態密度が求められるだろう、と提案した。この二通りの実験はともに成功して、半導体における表面状態の重要な役割が確かめられた(19)。

さらにまた、温度を十分に下げて実験すれば、表面状態の電子は動きにくいので、外部電場による空間電荷制御ができるだろう、という提案が出された。この実験はピアソンとバーディーンによって行なわれ、予想通りの効果が観測された。その実験では空気中の水分が霜になって装置に付着して困ったので、ブラッテンは装置を絶縁オイルに漬け、オイルの中の電極板と半導体の間に高電圧をかけて実験したところ、ショックレーが最初に予想したような電場効果（電界効果）を一九四七年十一月十七日に観測することができた。

このような実験を続けている間に、半導体の特性には少数キャリヤーがしばしば重要な役割を演じていることがわかってきた。半導体には、電子と正孔との二種類のキャリヤーがあって、n型半導体では電子が多数キャリヤーで正孔は少数キャリヤーであり、p型では逆になっている。それまでは、半導体の特性を決めているのは多数キャリヤーであると考えられ、少数キャリヤーのはたらきは無視されていた。しかしバーディーンらは、障壁層への少数キャリヤーの注入が電気伝導に大きな影響を与えていることに気がついた(1)・(17)。

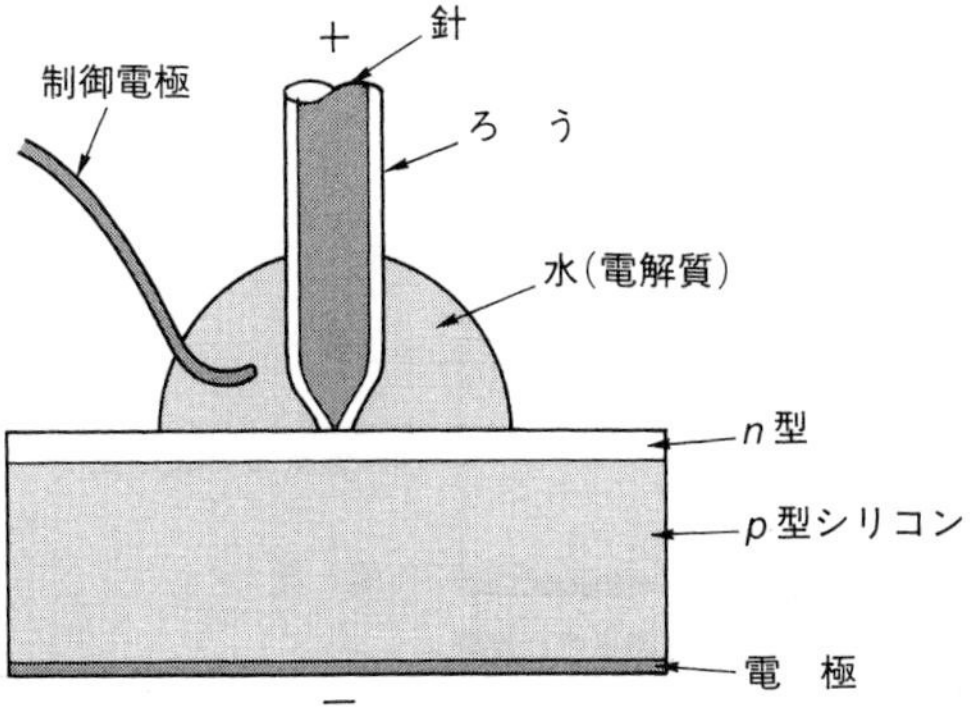

▲図10　電解質でシリコンの表面に電場をかけて，増幅効果を観測した実験

トランジスター作用の発見(17)・(21)

ブラッテンは次に、絶縁オイルの代わりに半導体の表面に電気伝導性の電解質を置いて実験した。そして電解質の上側の電極の電圧を正から負へと変えていくと、光起電力も変わって符合が逆転することを見いだした(20)。これは確かに、表面層の空間電荷が変わった証拠である。

ある朝、バーディーンは、ブラッテンのところに来て、この効果を利用して増幅器ができるかもしれない、といった。そこで二人はさっそく実験室へ行って、実験してみることにした。まず、金属針にろうを塗って絶縁し、あらかじめ表面がn型になるように処理したp型シリコンの表面に立て、図10のように接触点のまわりに一滴の水をつけて、水滴に電線をつないだ。水滴とシリコンの間の電圧を変えると、まわりが絶縁されている針の電流

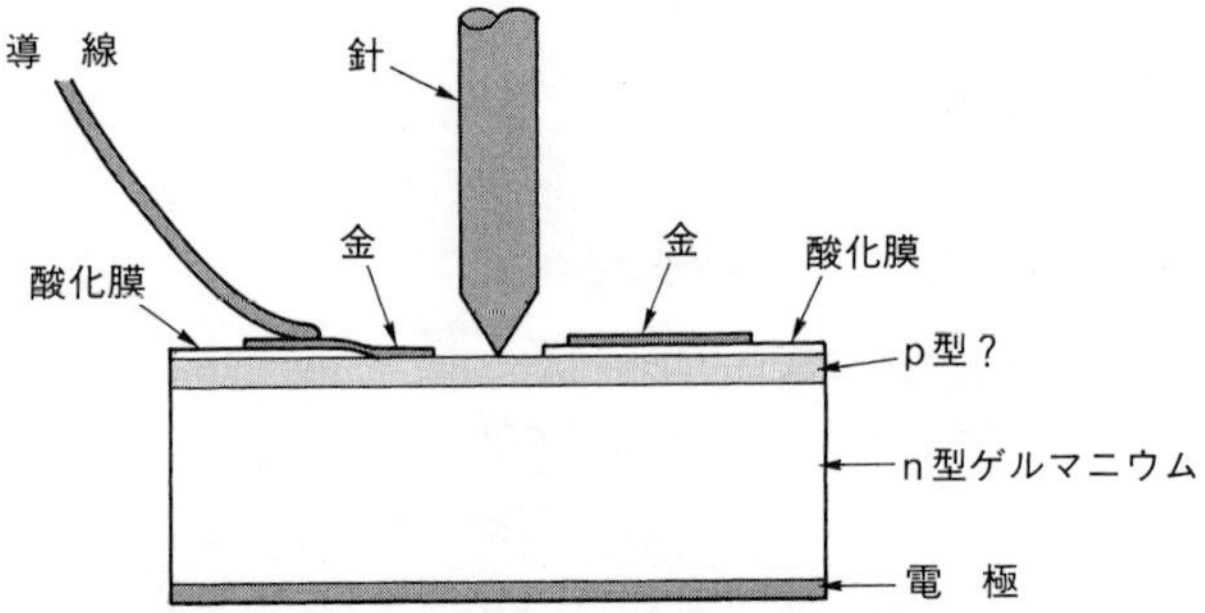

▲図 11　トランジスター作用が最初に観測された実験
酸化膜が不完全で，蒸着した金の一部がゲルマニウムに接触している．このとき，n 型ゲルマニウムの表面に p 型層があることは確認されていなかった．

が期待されたように変化した！　こうして半導体での増幅作用が初めて観測されたのは十二月四日であった。

次にn型ゲルマニウムで同様の実験をしたところ、より大きな増幅度が得られた。しかし、水滴はすぐに蒸発してしまうので、ホウ酸グリコールに替えた。それによって、再現性のよい増幅を観測できるようになったけれども、装置の応答は遅くて八ヘルツ以下の周波数でないと増幅されなかった。彼らは、その原因は電解質による陽極酸化の遅れであろうと考えたので、ゲルマニウムの表面をあらかじめ陽極酸化した後でホウ酸グリコールを拭い去り、酸化膜の上に金を蒸着した。金の蒸着膜と金属針の間に放電が起こって素子がだめになったりして実験はうまくいかなかったが、ある日ホウ酸グリコールを拭い去るとき、うっかり酸化膜も取り去ってしまって、[*13]図11のように金の蒸着膜が直接ゲルマニウムに接触していた。このとき、金の蒸着膜に低い正電圧をかけただけで、負電圧をかけた針に流れる電流に大きな変化が観測された[21]。これは期待していた電場効果ではなく、予想した電流変化の逆向きの変化であった

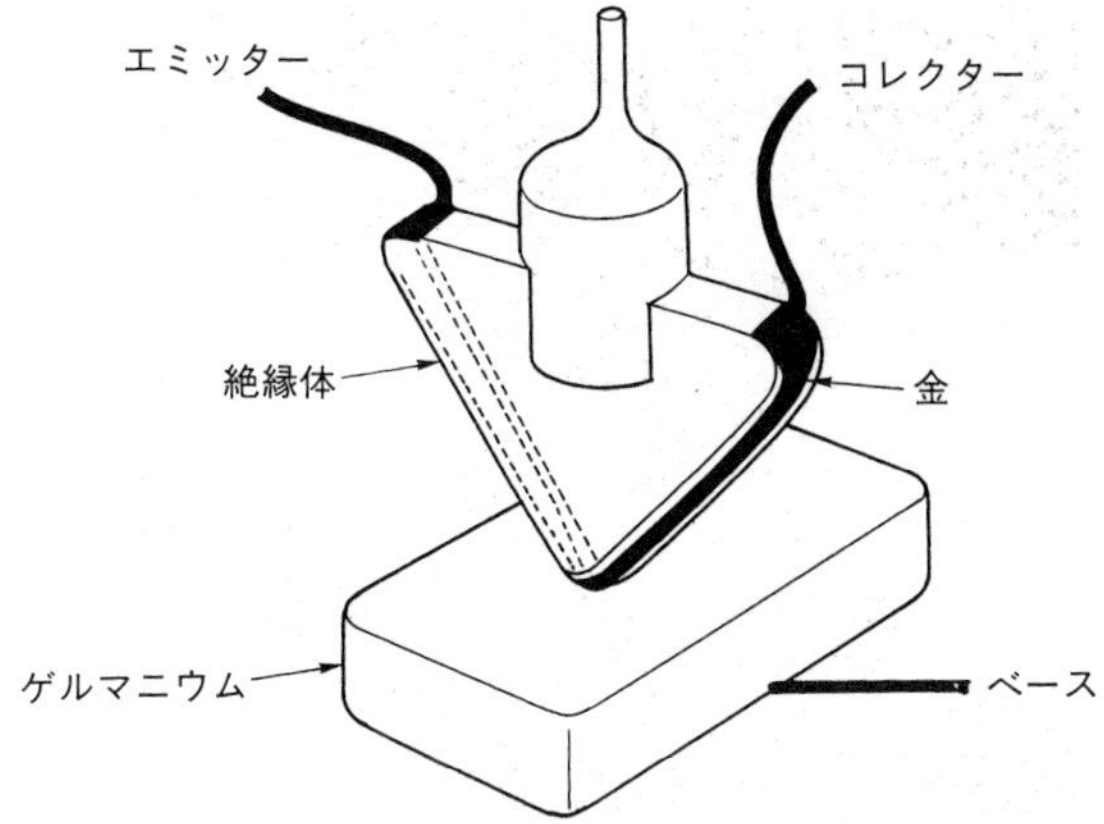

▲図 12　最初の点接触トランジスターの構造
この図では，ゲルマニウムの下部にある基板（ベース電極）は省略してある．上部中央の針金で絶縁体を押し，エミッターとコレクターとなる2つの電極をゲルマニウムに接触させている．

が、すぐにそれは少数キャリヤーの注入が主役を演じている効果であることがわかった。

そう考えて計算すると、二つの接触点を〇・〇五ミリメートルくらいに近づけると十分な増幅作用が起こるはずである。そこで、二つの点接触を近づけて実験するために、図12のようにくさび形の絶縁体のくさび面に金を蒸着し、くさびの先端の金膜をかみそりの刃で切り離して、その両端をゲルマニウム片に押しつけた。この実験は十二月十六日から行われて成功し、十二月二三日の午後、この装置で音声信号がみごとに増幅されるのを研究所内のおもな人たちに公開した。点接触トランジスターが誕生したのである。このとき誰かが、「発振器はできないのか？」といった。翌日発振回路をつくって実験したところ、もちろんすぐに成功した。図13はこの最初の点接触トランジスターの写真であるから

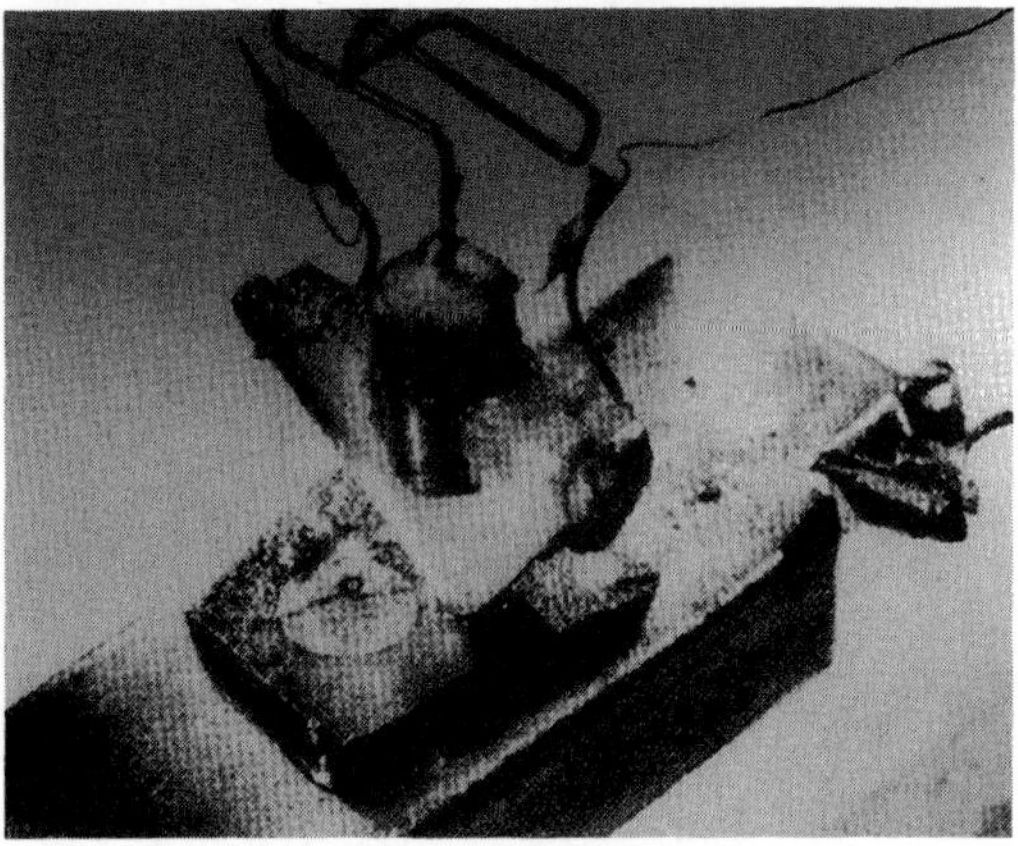

▲図 13　最初の点接触トランジスターの写真（文献 1 より）

図12と対応させて見るとよい。

次に彼らは、二本の針を近接してゲルマニウム片に立てた点接触トランジスターをつくり、その特性をくわしく調べた。そして、実験の再現性とトランジスター作用の解釈が確実になった半年後、一九四八年六月に特許申請と公開発表がなされた。論文は二つの関連論文とともに六月二五日に受理され、七月十五日号に記載されている。[22]~[24] なお、この装置をトランジスターとよぶことにしたのはJ・R・ピアースであって、相互コンダクタンス（transconductance）をもつバリスター（varistor　非線形抵抗器）という意味の命名である。しかし、TRANSfer of signals through varISTOR の前後を合わせた造語である、といわれることもある。

点接触トランジスターの実験成功のおよそ一か月後に、ショックレーは接合型トランジスターを考案し、やがて合金型トランジスターと電界効果トランジスターも発明されたが、それらについての文献は多いし、長くなるので省略する。一九五六年度のノーベル物理学賞は「半導体の研究とトランジスター効果の発見」に対して、ショックレー、バーディーン、ブラッテンに与えられたが、すでに三名とも故人になってしまった。*14

●

一九四八年六月に発表されたトランジスターの発明はゲルマニウムの点接触トランジスターであったが、最初に増幅に成功したのは図10のようなシリコンの実験であった。そして、その前にも多くの試行錯誤があったが、理論と実験の緊密な連携で研究が進行した。ショックレーとバーディーンとブラッテンとのチームワークは、誰が指導者か理論家か実験家かという区別なく、三人がその時々に最善の分担をして、それにきわめて優れた支援グループがあったからこそ、今世紀最大といわれる発明が実現したものと思われる。

参考文献

(1) ニック・ホロニャックJr：パリティ、一九九二年十一月号、八ページ。
(2) 熊谷寛夫、霜田光一、飯尾慎、湯原二郎：日本物理学会誌、二巻、一七六ページ（一九四七）。
(3) 霜田光一：超短波測定研究特別委員会、電波計科会資料、一九四七年、十二月五日：続超短波測定の進歩、森田清・木村六郎編（コロナ社、一九五二）一九八-二一七ページ。
(4) M・ファラデー（矢島祐利・稲沼瑞穂訳）：電気学実験研究(一)、岩波文庫（岩波書店、一九四一）。

(5) F. Braun : Ann. d. Phys. u. Chem. **153**, 556 (1874).
(6) A. Schuster : Phil. Mag. **48**, 251 (1874).
(7) 小川若三郎：電気学会誌、四九巻、四五〇ページ（一九二九）。
(8) A. H. Wilson : *The Theory of Metals*, Cambridge Univ. Press (1936).
(9) A. H. Wilson : *Semi-Conductors & Metals*, Cambridge Univ. Press (1939).
(10) 植村泰忠、菊池誠：半導体の理論と応用（上）（裳華房、一九六〇）。
(11) B. Davydov : Tech. Phys. USSR, **5**, 87 (1938).
(12) N. F. Mott : Proc. Roy. Soc. London, **171**, 27 (1939).
(13) W. Schottky : Zs. f. Phys. **113**, 367 (1939).
(14) R. Hilsch und R. W. Pohl : Zs. f. Phys. **111**, 399 (1938).
(15) J. H. Scaff *et al.* : Trans. Am. Inst. Mining and Metallur. Eng. **185**, 383 (1949).
(16) H. C. Torrey and C. A. Whitmer : *Crystal Rectifiers*, McGraw-Hill (1948).
(17) G. L. Pearson and W. H. Brattain : Proc. IRE, **43**, 1794 (1955).
(18) J. Bardeen : Phys, Rev. **71**, 717 (1947).
(19) W. H. Brattain and W. Shockley : Phys. Rev. **72**, 345 (1948).
(20) W. H. Brattain : Phys. Rev. **72**, 345 (1948).
(21) J. Bardeen : Nobel Lecture, Dec. 11, 1956 ; W. H. Brattain : Adventures in Exper. Phys. **5**, 3 (1976) ; W. Shockley : IEEE Trans. Erectron Devices **ED-23**, 597 (1976).
(22) J. Bardeen and W. H. Brattain : Phys. Rev. **74**, 230 (1948).
(23) W. H. Brattain and J. Bardeen: : Phys. Rev. **74**, 231 (1948).
(24) W. Shockley and G. L. Pearson : Phys. Rev. **74**, 232 (1948).

補注

＊1 磁電管ともいう。円筒形二極管の軸方向に強い磁場をかけてマイクロ波を発生する真空管で、今では電子レンジなどに広

く使われている。

＊2　受信周波数と異なる周波数の発振器（局部発振器）の一定の出力と受信する高周波を混合すると、両周波数の差の周波数のビートを生じるので、このビート周波数で増幅したのち検波して受信信号を取り出す方法。たいていのラジオ受信機やテレビ受信機にはスーパーヘテロダイン方式が採用されている。

＊3　コヒーラー（coherer）というのは、二つの電極の間にニッケルなどのやすり屑をゆるく詰めたものであって、電波の誘導で高周波電流が流れると、やすり屑の間の接触抵抗が下がることによって電波を検出する。軽く衝撃を加えるとまた電気抵抗が上がって、次にくる電波を検出できる。

＊4　式(3)は電子の速度が一定の場合である。電子が速度分布をもつときには異なる結果になるが、その差異は小さい。くわしくは原著(9)または文献(10)を参照されたい。

＊5　電流密度をi、電流の方向の電場をEとすれば、オームの法則は

$$i = \sigma E$$

と書ける。ここにσは電気伝導率であって、電荷qをもつキャリヤーの移動度をμとすると、そのドリフト速度$v = \mu E$と電流$i = nqv$から

$$\sigma = qn\mu$$

となる。キャリヤーの質量をm、運動の平均緩和時間をτとすると

$$\mu = q\tau / m$$

である。イオンと電子では、電荷qも緩和時間τも同程度の大きさと考えられるので、質量が電子の三桁以上に大きいイオンの移動度は電子よりずっと小さいはずである。

＊6　シリコンと金属針との接触の整流性を実験していたオールは、一九四一年ごろシリコン側を正で金属側を負にしたとき電流が流れやすくなるシリコンをp型、シリコン側を負にしたとき電流が流れやすいのをn型シリコンとよんでいた。幸運なことに、それは多数キャリヤーの正負と一致することがわかり、p型n型の呼称が広く使われるようになった。

＊7　金属や半導体の表面から、電子を真空中にとり出すのに必要な最小エネルギーを仕事関数（work function）といい、通常、電子ボルトを単位にして表す。光電子放出の限界波長をλ_cとすれば、仕事関数は$\phi = hc/\lambda_c$となる。

＊8　カラーセンター（color center）ということもある。透明な結晶やガラスに紫外線、放射線、電子などを照射すると、着色する。これは固体中の原子の少数がイオン化されて、イオンの周りに電子がゆるく束縛された状態が特定の波長の光を

吸収するからである。このように周囲に電子を捕らえたイオンを着色中心または色中心という。
*9 図2のように不均一な分布であったと思われる。日本では当時、これを均一にしようという努力がなされなかった。
*10 偏析効果を積極的に利用して高純度の単結晶をつくれるようになったのは、一九五〇年代のことである。一九五三年に帯溶融（zone melting）を利用する帯精製法（zone refining）が発明され、やがて99.999 999 9％という超高純度の半導体単結晶もできるようになった。
*11 空間電荷というと、半導体の外側の空気中または真空中の電荷と誤解されることがあるが、ここでは半導体内部の空間の電荷のことである。二次元的表面電荷でなく、三次元的空間電荷があると考える。
*12 これまで、表面状態の存在を実証する実験はなかった。
*13 酸化ゲルマニウムは水に溶けるので、拭い去られた。
*14 William Shockley 一九一〇年二月十三日ロンドン（London, UK）生れ、米国籍、一九八九年八月十二日没。
John Bardeen 一九〇八年五月二三日マディソン（Madison, USA）生れ、一九九一年一月三〇日没。
Walter H. Brattain 一九〇二年二月十日アモイ（廈門、中国）生れ、米国籍、一九八七年十月十三日没。

あとがき

ようやく最近になって、独創的・創造的な基礎研究の重要性が注目されるようになって来たが、先駆的な研究がどのように行なわれているかは、あまり知られていない。天才の閃きから突然生まれるとか、幸運な偶然の発見であると言われたりしている。誰でも、自分の昔の悩みや苦労は影が薄くなっていて、美化された楽しい想い出話を語るのが普通である。物理の研究報告でも、なぜその研究をしたとか、どうしてその研究をする気になったとか、研究の着想についてはほとんど書かれていない。そして、研究の失敗についても、めったに報告されないでいる。しかし、「失敗は成功の母」という諺を持ち出すまでもなく、どんなに優れたアイディアで実験を計画しても、数々の失敗を乗り越えなければ、画期的な研究成果は有り得なかったのである。

はじめに述べたように、本書は現代物理学の発展に寄与した物理実験の中から、網羅的でなく、重要な少数の実験を選んで、それをできるだけ詳しく、しかしあまり専門的にならないように解説することを試みた。原子物理学の発展に直結する実験は比較的よく知られているので、本書では電磁気と光学に関する実験の中から、自然科学の流れを変え、技術革新を導くことになったものを取りあげた。そして物理的内容だけでなく、研究のスタイルや、実験の波及効果が異なる代表的なテーマを選び出した。これによって、物理法則の検証、物理定数の精密測定、新法則や新現象の発見、新分野や新技術を生む発明、理論と実験との関係、科学と技術との関係、実験技術の進歩、共同研究の方法、実験結果の検討や発表、その他についての歴史的発展を読みとるケーススタディもできるだろう。

そのために、本書の記述は憶測を入れないですべて事実に基づくように務めた。そこで主要な記載事項の根拠を明らかにするために、すべて文献を参照して書いた。しかし、個々に事実について一々文献を引用すると多くなり過ぎるので、参考文献にはそれほど重要でない文献は省略し、総合報告を参照したりした。ただし、本書の後半では、筆者が関与した研究の際の直接の見聞や、所内報とか会議議事録など一般に利用し難い情報も含まれているが、これらの文献は省略した。

歴史をかえた物理実験を、それぞれの研究者がどのような動機から遂行するようになったか、いかなる準備をし、どれだけの予想や理論的考察をして実験したのか、失敗も含めて実験結果をどのように評価し、判断したかを明らかにしたかった。これまでに見落とされていたこと、見過ごされていたものを、実験研究者としての筆者の目で見出したものも少なくないが、調査不十分あるいは不明のものも少なくない。いずれにしても本書は、歴史的な実験装置や実験結果の単なる解説ではなく、実験的研究の本質的意義や研究活動の内面を探ってみたものである。

自然科学は実証的な学問であるから、その発達過程においてしばしば実験が決定的な役割を演じてきた。いま、自然科学も社会も工業技術も変革期を迎えている。先駆的な物理実験、独創的な実験、革新的実験、さらにはこれからの科学技術の在り方について、歴史的実験の中から学ぶことが少なくないであろう。

独創的なアイディアは誰にも出てくるが、それを実現するような実験を考える人は少ない。そしてそれが科学的真理に迫る道であるとの固い信念をもって、周囲の反論や無理解があっても、困難な実験の遂行に努力する人はまれである。というのが、著者の一つの感想である。

※本書は、月刊誌『パリティ』に一九九五年四月から一年間にわたり連載された講座をまとめたものです。

著者の略歴

霜田光一（しもだ・こういち）

東京大学名誉教授。理化学研究所名誉研究員。理学博士。1943年東京帝国大学卒業後，東京大学教授，理化学研究所主任研究員，慶應義塾大学教授などを歴任。2008年文化功労者。2010年日本学士院会員。おもな研究分野は量子エレクトロニクス，レーザー分光学，物理教育。

［新装復刊］

パリティブックス　歴史をかえた物理実験

平成29年10月30日　発　行

著作者　霜　田　光　一

発行者　池　田　和　博

発行所　丸善出版株式会社

〒101-0051　東京都千代田区神田神保町二丁目17番
編集：電話(03)3512-3267／FAX(03)3512-3272
営業：電話(03)3512-3256／FAX(03)3512-3270
http://pub.maruzen.co.jp/

組版印刷・製本／藤原印刷株式会社

ISBN 978-4-621-30207-1　C 3342　　Printed in Japan

『パリティブックス』発刊にあたって

『パリティ』とは、我が国で唯一の、物理科学雑誌の名前です。この雑誌は一九八六年に発刊され、高エネルギー（素粒子）物理、固体物理、原子分子・プラズマ物理、宇宙・天文物理、地球物理、生物物理などの広範な分野の物理科学をわかりやすく紹介した解説・評論記事、最新情報を速報したニュース記事を主体とし、さらにそれらの内容を掘り下げたクローズアップ、科学史、科学エッセイ、科学教育などに関する話題で構成されています。

この『パリティブックス』は、『パリティ』誌に掲載された科学史、科学エッセイ、科学教育に関する内容などを、精選・再編集した新しいシリーズです。本シリーズによって、誰でも気楽に物理科学の世界を散歩できるようになることと思います。

また、本シリーズには、新たに「パリティ編集委員会」の編集によるオリジナルテーマも随時追加されていきます。電車やベッドのなかでも気楽に読める本として、皆さまに可愛がっていただければ嬉しく思います。

ご意見や、今後とりあげるべきテーマに対するご要望などがあれば、どしどし編集委員会までお寄せください。

『パリティ』編集長　大槻義彦